親子館
A5028

Brain Rules for Baby

0~5 歲寶寶大腦活力手冊

【增訂版】

大腦科學家告訴你如何教養出
聰明、快樂、有品德的好寶寶

John Medina 著
洪蘭博士 譯

遠流出版公司

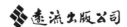

目錄

推薦序

給新手父母的定心丸

黃瑽寧（親子作家／小兒科醫師）

從三年前我家老婆懷胎第一天開始，和大多數的家長一樣，我也成了望子成龍、望女成鳳的新手爸爸。

抱著輸人不輸陣的心態，我翻箱倒櫃地將家裡所有莫札特CD找出來，燒成一片MP3，囑咐老婆大人每天認真聆聽，最好放大聲一點，給寶寶好胎教。有一天她回到家，不滿地反應：「老公，你燒給我的莫札特應該篩選一下吧！我聽了一整天，那旋律讓心情好沮喪，這樣對胎兒不太好吧？」拿來一看，當時播放的曲目正好是「安魂曲」。

這還沒結束。孩子出生後，親朋好友開始送各式各樣的玩具，我驚訝的發現，幾乎所有兒童產品的包裝，都一定要附上一個冠冕堂皇的教育理念：腦力開發，手眼協調，語言發展。這些字樣不只螢光，還要反白，不知吸引多少家長的目光。

我秉持著專業，避開那些誘人的語句，告訴自己，孩子不需要太多壓力，快快樂樂長大就好。轉頭一看，各式各樣標榜「快樂成長」的CD、音樂、遊戲、兒童課程，立刻又浮上眼前，彷彿它們主宰了孩子的快樂之泉。

「這太瘋狂了！」我不禁擔憂著。如果連兒科醫師都感到困惑，面對網路資訊爆炸的年代，琳瑯滿目的置入性商品，一般的家長們必然更加不知所措了。

所謂「開卷有益」，《0～5歲寶寶大腦活力手冊：大腦科學家告訴你如何教養出聰明、快樂、有品德的好寶寶》，就是一本給新手父母的定心丸，確認教養育兒大方向的好書。

本書的作者麥迪納博士（John Medina）是華盛頓大學的生物工程學教授，是一位人腦發展領域中分子生物學的專家。他的上一本暢銷書《大腦當家》，佔盡了美國各大網路書局的排行榜榜首，講述如何增進成人大腦的功效。這次他進一步替寶寶的大腦解密，提供養育聰明小孩與快樂小孩的科學根據。

是的，科學根據。我認為任何有關教養或健康的文章，都應該有嚴謹的科學佐證，不然人云亦云，只會流於泛泛之談，對於讀者一點幫助也沒有。作者開宗明義就指出了一般大眾常有的錯誤迷思，比如說「給在子宮中的胎兒聽莫札特音樂」，「給嬰兒聽語言學習光碟」，或「不停的告訴孩子他很聰明會增進自信心」等等。這些都是新手爸媽常常在坊間所見所聞的論調，如今作者以實證顯示，很多觀念並不正確。

然而最令我感同深受的論點，是接下來有關夫妻婚姻危機的部分。您可能會好奇，養育聰明與快樂小孩，為什麼要花一整個章節討論「夫妻感情的維繫」？答案就在書本中。

一般教養的書籍屢屢提及如何提升父母親管教的方式，但實際上這些技巧對於未來孩子發展的層面，並不如大家想像的深遠；相反地，很多人卻忽略了兒童發展最重要的因子，那就是穩定的家庭關係。就像我在讀《聖經》的時候發現，有關維繫夫妻感情的章節特別的多，在本書中剛好得到印證：兒童（人類）智能發展最重要的基石，其實就是父母感情堅定，情緒穩定的婚姻關係。

書中從夫妻談起，然後才進入到教養兒童的部分。作者強調「同理心第一」，鼓勵家長盡量花時間陪伴孩子，當孩子有情緒反應的時候，才能適當的猜測他們的心理狀態。當面對孩子強烈的情緒時，先描述你認為「你看到的情緒」，接著猜猜看孩子的情緒從何而來，同理他的感受，然後才給予規勸或教導。

我想光是這兩個主題，就給許多新手父母足夠的啟發了。但不僅止於此，這本書還提供更多的方法，幫助讀者做個快樂的父母，有智慧的父母，來教養出同樣快樂聰明的孩子。

「給，同時也取」是作者替本書下的結語。為人父母的過程當中，雖然是不斷的付出心力、體力、時間，但隨著我們付出越多，得到的收穫也同樣豐富。上帝賜給我們有時天真、有時搗蛋的孩子，讓家長的情緒、心智都受到磨練，卻也更加成熟、穩重。隨著孩子漸漸長大，總有一天回過頭來看這一段歷程時，必然發現，原來真的「施，比受更為有福」！

推薦序

好想跟身邊朋友分享的科學教養觀

小雨麻（知名部落客／作家）

你知道婚姻關係是影響孩子學業成績最大的影響因素嗎？

你知道健康大腦的左右腦無法切割開來，坊間所謂的刺激右腦都是沒有根據的說法嗎？

你知道其實經過演化而來的大腦，功能不是為了學習，而是為了生存嗎？

每對父母都期待自己的孩子除了健康之外，最好還要聰明、快樂，但是，聰明快樂的寶寶怎麼得來？

我好推薦有這些疑惑的讀者看看這本書：《0～5歲寶寶大腦活力手冊》。書裡提到，從懷孕的時候開始，可以做四件事，幫助寶寶大腦發育：⑴體重增加到剛剛好，⑵吃正正好的食物，⑶避免太多壓力，因為壓力會產生一種有傷害性的荷爾蒙，⑷恰到好處的運動，因為運動增進多巴胺的分泌有助於紓壓。

培養聰明寶寶需要種子與土壤，種子的七種材料包括了：記憶、即興創作、探索欲、自我控制、創造力、語言溝通、解讀非語言的溝通。土壤的四種材料則為：母乳、對寶寶說很多話、遊戲、讚美努力而不是聰明。

小雨麻好想為大家做重點整理，但是我發現這本書的重點好多好多，最後，我決定丟開這本書，用我自己的話對大家介紹這本書。

作者是專研究腦科學的專家，文筆非常幽默，文章很容易懂，加上有條有理的說明、生動的實例，讓我一看再看，每次看了都會有不同的收穫，而且好想跟身邊的朋友分享。

從演化來看，我們可以想見寶寶會哭其實是自保之道，在洞穴或草原時期，父親忙著狩獵給一家子裹腹，母親照顧與保護孩子，遇到野獸來襲，還要隨時提高警覺逃命，在不知道節育的環境裡，如果一家在逃命的時候，寶寶沒有聲音，你猜到了嗎？他可能會被遺忘。

在那荒郊野外的年代，寶寶的自保之道首先是確保哭的時候會有大人照顧，那麼接著他會漸漸循著大人的引導方式長大。如果寶寶發現需求得不到滿足，他的判斷是被家族遺忘了，於是，或者會轉向無聲，完全不引起注意，或者變得強悍，制敵機先。

用現在的社會來觀察寶寶，大腦內建的生存機制還是存在，寶寶首先會觀察家庭是否能滿足他的基本需求，如果可以，接著他知道，大人喜歡他好好唸書、學習，於是他會好好唸書、學習。但是，若否呢？他會超乎尋常的內向與安靜，或者變得乖張有攻擊性。

安全感一直是影響寶寶大腦發展最重要的因素，會在根本之處影響寶寶大腦往安全或危險模式發展，在安全模式之下，寶寶才會進行知育的學習，在危險模式之下，寶寶會進行的是生存的學習。

所以作者一開始就說，想讓孩子念哈佛？首先父母親的關係必須和樂，讓寶寶有安全感，這是長久以來，統計上觀察到對孩子學業影響比重最大的因素。書裡有許多科學上的實驗與實例，比方小雨麻曾經在部落格中分享的〈當孩子說「不要」，就是「不要」〉提到的故事，就是出現在聰明寶寶的章節裡。另外還有快樂寶寶、道德寶寶怎麼培養？書裡也講得很清楚。

其中在情緒一節中，作者提到，當孩子很小、瀕臨情緒失控的時候，家長可以協助孩子描述與指認情緒，接著談談情緒化解方式等等，當大人自己情緒不好的時候，也可以將不舒服的感覺描述出來，並指認情緒，不需要特別壓抑或躲避，因為這是為寶寶做的情緒示範，小雨麻很欣賞作者在這一節做的建議。

之前與身邊友人聊到這個部分的時候，我才想起，在小雨上學前，面對「兩歲貓狗嫌」、「三歲豬狗嫌」的孩子，每次我情緒快爆炸了，都會躲到廁所裡深呼吸喘息一下再出來，可是小雨初上學時，我發現這個做法有些不對勁，因為小雨的同學老師不見得會對她隱藏情緒，這樣反而可能造成她不容易辨識別人的情緒。

所以後來，我的確就照本書作者的建議，當生氣的時候，我會嘟起嘴巴告訴小雨：「小雨，妳答應媽媽把玩具收拾好，可是妳沒有做到，我生氣了。」當傷心的時候、難過的時候、不舒服的時候，我也都會告訴小雨，比方說，「最近媽媽可能太忙太累，過敏不舒服，我好想休息，請妳讓我安靜一下。」我發現，開始這麼做之後，小雨對於情緒的辨識度提高了，而且之前小雨對別人的情緒經常有比較大的反應，現在她的反應平順許多，不像之前會受到驚嚇，甚至當需要的時候，她也能伸出援手。

原來情緒也可以用身教為孩子示範，我們示範出一種健康的情緒排解方式，孩子就能學到健康的情緒排解方式，甚至我後來發現，對大人來說，溫和的情緒紓解對自身其實挺有益健康的。

小雨麻非常建議格友看這本書，尤其如果你特別希望寶寶聰明快樂的話，更是不可錯過這本書。

名人推薦

「我的小孩快樂健康就好！」這是我們當父母的最常掛在嘴邊的願望。聽起來很簡單，但這簡單的一句話卻包含了非常深的教養層次。在現代的少子化社會，父母們花很多精神和金錢帶小孩上課，投入各種腦部開發教育器材，做各種的社交栽培，就只是為了讓他們能夠早起步，但這都是必要的嗎？這本書就深入的探討這些問題，也帶給我們不一樣的教育觀點。

本書的作者約翰・麥迪納是一位腦科學專家，他提供的論點可以讓我們更了解孩子的思想／邏輯結構，因此也能夠讓做父母的採取更貼近自己孩子的品性做教育上的調整。每一個孩子都不一樣，要教育出一個平衡、有愛心、有獨立思想和快樂的孩子也不可能只有一種對的方法。在本書當中，麥迪納提到的一個觀點讓我印象深刻：不要只會誇你孩子聰明，應該誇他為達到目標所做的努力，這樣他才會懂努力有多重要。

這本書在美國已經成為父母不可缺少的教育書，真的值得看。

——藝人媽咪 Melody 殷悅

讓孩子喜歡自己，父母親會更快樂！

——粉紅豬媽咪 **鍾欣凌**

給父母的寶寶教養書很多，近日再添一本。

這本書旨在讓父母明白，〇到五歲嬰幼兒的大腦發育守則。作者約翰・麥迪納寫過暢銷書《大腦當家》，他以神經科學方面的知識，研究心智如何對訊息產生反應及如何組織這些訊息，亦即以科學方法研究人腦發展並應用於教養。

書中特別提到一件我們向來誤解之事：「大腦會主動學習，人類天生對學習有興趣。」我們老愛說：「人本來就有求知欲，求知是人的本能。」而根據作者言：「對大腦而言，生存比學習重要。」也就是說，大腦對學習沒有興趣，大腦有興趣的是生存；之所以要學習，是為了「生存」這個主要目的，學習是為了如何再多活一天。

姑且不論作者此說法對不對，但他提醒父母「必須替孩子打造一個安全的環境」，這點應無庸置疑。也就是說，如果父母斥罵孩子「這麼簡單的數學，怎麼都教不會？」邊罵邊教，效果一定不佳。因為當大腦安全的需要被滿足後，它才會促使神經元去兼差做數學功課；假如安全的需求沒有被滿足，罵再久，孩子數學還是不懂。

結論是：安全的環境，才能教出聰明的寶寶。我們常將孩子抱在懷中讀書，此閱讀效果一定最讚。

另外還有一點也提醒我（雖然我孩子已大），以往的迷思是：不停的告訴孩子他很聰明可以提升孩子自信。但真相是：讚美「努力」比讚美「聰明」好，父母應該說：「你真的很努力，很用功。」而非「哇，你好聰明。」努力是自己可以控制的，而聰明是沒有辦法改變的。

不停的告訴孩子他有多聰明，他就只會關心自己看起來聰不聰明，而不是真的在乎有沒有學到什麼東西。如果他不知道為什麼他會成功，那麼他就不知道失敗時該怎麼做。

——作家　**王淑芬**

導讀

不必花大錢，陪他愛他就好

洪蘭（認知神經科學教授）

現代的社會，競爭越激烈，父母越焦急，生怕沒有把十八般武藝都教給孩子，會害他在職場上競爭不過別人，有虧職守。但是孩子又如本書作者所說的，出生時並沒帶使用手冊一起來，很多父母不知該怎麼教，只好自己摸索。然而摸著石頭過河總是不安心，加上老大和老二個性可能完全不同（因為手足只有一半的基因相同，可能在基因的組合上出現南轅北轍的個性），很多人因此而生心恐懼，不敢生孩子，或是另一個極端，把坊間所有親子的書籍都買回來看。其實，教養孩子不難，只要知道大腦發育的原則；這本書會告訴你，遵循這個原則去做，便可放心大膽去愛你的孩子，不必怕他被寵壞。

這本書最好的地方是作者不是口說無憑的隨便給你忠告，他是給你事實或實驗證據，請你依孩子的不同，自己去作判斷，得出最適合你孩子的教養方式。例如坊間許多育嬰書都叫父母要多抱、多撫摸孩子，卻沒有講出為什麼，本書作者告訴你多撫摸的原因是當母鼠舔小鼠時，大腦中會分泌催產素（oxytocin，或稱激乳素），催產素會使母子的連結（bond）增強，也會增加小鼠大腦中催產素的感受體，使小鼠長大後成為一個好母親。知道了原因，在母鼠死亡或被隔離時，實驗者用柔軟的毛筆去刷小鼠的身體也會得到同樣的結果，也就是說，知道了原理才能變通，不知道原理，胡亂推論時，會像陝北的悲劇：一位上級領導叫農民用手把玉米苗的細根挖出來曬太陽，以為這樣會增加它們的抵抗力和危機意識，因為他聽說有些植物在發現環境變惡劣時，會加速生長，趕著開花結果，在絕望前把種子埋入地底，等待來年情況好轉時再抽芽。他沒想到並不是所有植物都這樣，玉米就不是，根曬傷了就枯死了，農民就沒糧可吃。所以一定要知道原因，所做的決策才不會荒誕離譜。

台灣也曾有過這種例子，有個潛能開發班，父母出三十萬台幣的學費，讓孩子去吞火、踩玻璃，去開發潛能。本書會告訴你，完全沒有這個必要，大腦是用進廢退，用得多的會在大腦中佔據比較大的地盤，或連接的比較密，使這行為做得更好，如此而已，並沒有剩餘的細胞讓你去開發。想想看，難道歐陽修的賣油郎是從小就有滴油穿錢孔的潛能嗎？

作者是分子發展生物學家，專門研究胚胎學，最知道大腦發展的原理。他從行為、細胞和分子層次，來看嬰兒如何登錄和處理訊息，所提供的是有被同儕審訂過、在專業期刊上發表的實驗證據，不像坊間販賣大腦開發課程的行銷人，把大腦講的那麼神奇，或把課程吹噓的那麼有效。他拿出證據，告訴你真相，然後由你自己去做決定。其實從實驗結果看來，順其自然永遠是最好的忠告，只是你需要知道什麼是「自然」，所以你要看這本書。

麥迪納在破解坊間大腦迷思時，都有附上實驗證據，他告訴你，給你的嬰兒聽語文學習光碟不但不能增加，反而可能會降低孩子的語文能力和智商，因為孩子學語言須透過活生生的人跟他互動才行，光碟再怎麼設計也無法取代真人。他也告訴你，最好的「對大腦友善」的玩具不是教育性光碟，而是空的紙箱子、幾根蠟筆和一疊回收紙，因為出自內在想像力的遊戲才會真正激發創造力。很多孩子是三分鐘熱度，外面買的玩具玩個兩三天就棄之如敝屣，反而是簡單的一個紙箱子，它可以是阿里巴巴四十大盜的山洞，也可以是汽車、坦克，更可以是想像力所賦予的任何東西，難怪一個破紙箱對作者孩子的吸引力大過會跑的電動鐵軌車，因為賽車只會在軌道上跑，而紙箱子卻可能是上月球的太空梭呢！所以知道什麼樣的經驗會促使神經連接很重要，因為神經連接的密度是智慧的定義之一，而爸媽們不必花大錢去買昂貴的玩具來增加孩子的智慧，只要花時間陪他玩就好了。

作者更告訴父母，教養出一個快樂的寶寶最好的方法是常常讓他跟小朋友一起玩，等再長大一點後，則讓他參加社團，如童子軍，使他可以交到志同道合的朋友。友誼是要培養的，志同道合就會常常一起做同樣的事，友情自然會長久，而一個人一生中若能有知已，則人生無憾。哈佛大學大型的長期追蹤研究也發現，決定一個人幸福最重要的因素不是金錢而是友情，尤其到老年的時候，老友、老伴更重要。

每個人都希望他的孩子快樂，但是很少人真正了解造成快樂或幸福感的原因是什麼。最近二十年來，正向心理學崛起，研究者用實驗的方法找出人們感到快樂的原因。他們很驚訝的發現，物質上的享受佔的份量非常的低，基本上，只要衣食無缺後，金錢所能帶來的快樂就很有限；這時，同儕的肯定、事業的成功、知心的朋友、和樂的家庭就是決定快樂的因素了。在這裡，事業的成功並非以金錢作衡量標準，而是以工作所帶來的滿足感為標準。所以父母馬上可以了解，進入明星學校跟孩子以後的幸福感是連邊都沾不上的，既然沾不上邊，又何必苦苦的去追求？

雲端世紀的到來，打破了過去的舊觀念，學習的確像詹姆斯・巴哈（James Marcus Bach）在《學習要像加勒比海盜》（*Secrets of A Buccaneer-Scholar*，中譯本遠流出版）一書中所說的：「你不需要學校，但你需要教育。」因為在雲端時代，教育是隨時隨地在發生。史丹佛大學的校長漢斯（John L. Hennessy）二〇一〇年來台演講時說到，史丹佛大學已經把許多上課的實況送上網，現在全世界有十萬人在看他們上課的紀錄片；也就是說全世界有十萬人是史丹佛的學生，只是史丹佛收不到他們的學費罷了。當網路有資訊，學生自己可以學習時，上什麼學校就沒有那麼大關係了。所以在E化的時代，孩子只要肯學，全世界的學校都是他學習的地方，父母只要保持孩子天生所具有的探索力，後來的發展，他的大腦自然會引導他。

書是別人無法替你讀的，說得再多，父母必須自己看才會了解該怎樣帶孩子。做為譯者和教育工作者，我能從專業的觀點告訴你，這本書是有實驗證據、實際可行的教養科學書，很值得〇到五歲的父母放在案頭，當天花亂墜的廣告要你買什麼給你孩子益智時，它可以為你指點迷津。

大腦守則

懷孕須知
健康的媽媽，健康的寶寶

婚姻關係
從同理開始

聰明寶寶
有安全感才能學習
看你的臉，不是看螢幕

快樂寶寶
結交新朋友，維繫舊友誼
為情緒貼上標籤可以使強烈的感覺緩和

道德寶寶
堅定的紀律伴隨溫暖的心

好睡寶寶
在下定決心之前，請先測試一下

前言

每當我為準爸媽講授嬰兒大腦的發展時，常常會犯一個錯：我以為這些父母是想來聽大腦在子宮中如何發育——一些神經生物學的知識，加上一些神經軸突遷移的現象——但是我錯了，在Q&A的提問時間，這些父母提出來的問題並不是這樣。在西雅圖某個下大雨的夜晚，一位即將臨盆的女士首先發難：「我怎樣做才能讓肚子中的寶寶現在就開始學習？」另一位女士問道：「在我把嬰兒從醫院抱回家後，我的婚姻會受到什麼樣的影響？」一位爸爸語帶權威的問：「我怎樣才能讓我的孩子上哈佛大學？」一位焦慮的母親則問：「我怎樣才能確保我的女兒會永遠快樂？」因為女兒有毒癮，所以把教養孩子的責任承接過來的祖母希望知道：「我如何使我的孫子做個好孩子？」還有新手父母一而再、再而三的追問：「我怎麼做才能讓孩子一覺到天明？」

不論我多努力想辦法把關注導回神經發展上，父母問的始終圍繞著上面五個問題，最後我承認錯誤，我想給父母親「象牙塔」（Ivory Tower），他們要的卻是「象牙肥皂」（Ivory Soap，譯註：象牙牌肥皂是廣受歡迎的便宜肥皂）。這本書的產生是因應我的聽眾一再提出的問題，是本比較實際的書，而不是有關大腦發育時基因調節作用的書。

「大腦守則」（Brain Rules）指的是我們對幼兒期大腦如何作用已經有共識的事情，每條守則都是從行為心理學、細胞生物學及分子生物學的觀點做討論，每條守則選擇的標準都是看它如何幫助新手父母照顧新生的嬰兒。

我當然了解父母親需要這些問題的答案。養育第一個孩子就像喝下一杯醉人的酒，半是喜悅，半是恐懼；沒有人告訴你如何做父母，你要自己摸索。我知道這些是因為我有親身的經歷，我有兩個兒子，各自都帶給我很多不解的問題和行為表現，他們降臨到我家時，都不曾附帶任何使用說明書就逼著我生手上路了。我很快就學會，他們帶來的還不只是這些，他們擁有強大的地心引力，使我對他們強烈的愛和忠誠差點都被他們吸去；他們也充滿了磁性，我沒有辦法不去看他們完美的指甲、清澈的眼睛。到老二出生時，我了解你可以把愛一分為二而不會減少任何半分；只有做父母時，你可以分裂生殖，你對孩子的愛不因多一個孩子而減少。

太多的迷思

做為一個科學家，我非常了解觀察孩子的大腦發育就好像坐在第一排的位子上，看生物的宇宙大爆炸。大腦開始時只是子宮內的一個細胞，奧祕無聲；在幾個禮拜之內，它以**每秒八千個細胞**的驚人速度開始發育；在幾個月之內，它已朝著世界上最精細的思考機器邁進了。對大腦的不了解不但加深父母對大腦的崇拜，更使新手父母感到焦慮和困惑。

關於養育孩子，父母親要的是事實，不只是忠告而已。不幸的是，這些如何教養的事實在堆積如山的教養書中很難找到，還有每個部落格、每個留言板、每個岳母或曾經有過小孩的親戚都有他們自己一套的教養經，所以坊間有關教養孩子的資訊很多，父母只是不知道該聽誰的而已。

科學最好的地方是它很中立，不選邊站，也不是誰的附庸，一旦你知道哪個研究值得相信，主題影像就出來了，迷思就破除了。要贏得我的信任，研究必須通過我的嚴酷考驗，研究要進入我的書來，它必須在有同儕審訂的期刊發表，而且成功的被複製（譯註：其他實驗室根據所描述的實驗流程，也得出同樣的結果），有些實驗結果被成打的實驗室所確認；假如有例外，即結果很可靠，但尚未完全被其他實驗室驗證時，我會特別註明。

對我來說，養兒育女就是大腦的發展，這不稀奇，因為我是吃這行飯的。我是個發展分子生物學家，主要興趣在精神疾病的基因關係。我的研究生涯主要是擔任私人顧問，受僱替人找出毛病，企業或官方研究機構需要有精神健康專業的遺傳學家幫他們找出問題，我的專業就在此。我同時也成立塔拉里斯研究院（Talaris Institute），座落在西雅圖華盛頓大學旁，最早的成立宗旨是從行為、細胞和分子層次來看嬰兒如何登錄和處理訊息。這是為什麼我偶爾會去跟父母親座談，像前面提到西雅圖下大雨的那個夜晚一樣。

科學家當然並不知道有關大腦的一切，但是目前所知道的已經足以給我們最好的機會去教養出快樂、聰明的孩子。不論你是剛剛才發現自己懷孕了，已經有會走路的小寶貝，或是你需要扶養孫輩，這本書所講的都與你有關。如果能在這本書中回答父母問我的大問題同時也能破除他們的迷思，是我的榮幸。下面就是幾個我最常被問到的問題。

迷思：給在子宮中的胎兒聽莫札特音樂可以提高孩子未來的數學分數。

真相：你的寶寶只會在出生後記得莫札特的音樂，以及其他很多他聽到、聞到、嚐到的東西（見「胎兒的記憶」，第54頁）；假如你要他在往後的幾年數學考得好，最重要的是在他小時候教好衝動控制（見「自我控制」，第136頁）。

迷思：給你的嬰兒聽語言學習數位光碟可以提升他的語言能力。

真相：有些數位光碟反而會減低孩子的語言能力（見第184頁）。的確，你跟幼兒說話時用的字數和不同的詞彙越多，越能增加孩子的語言能力和他的智商（見「對寶寶說話」，第160頁），但是話語必須來自你，一個活生生的、真正的大人才行。

迷思：為了提升他大腦的能力，孩子需要在三歲就開始學外文，房間中要堆滿「對大腦友善」的玩具，書架上要擺滿教育光碟。

真相：促進寶寶大腦發育全世界最有效的技術，可能是一個空紙箱、一盒蠟筆和兩個小時，最糟糕的恐怕是你新買的平板電視（見「遊戲萬歲」，第165頁）。

迷思：不停的告訴孩子他很聰明會提升他的自信。

真相：他們會變得**比較不願意**去做有挑戰性的工作（見「當你說『你好聰明』時會發生什麼事？」，第175頁）；假如你要孩子進入好的大學，稱讚他很努力，而不要稱讚他很聰明。

迷思：孩子會找到他自己的快樂。

真相：預測快樂最好的指數是交到好朋友。你如何交到好朋友並維持這份友誼呢？要能解讀非語言的溝通指標（見「幫助孩子交朋友」，第204頁）。這項能力是可以教的，學習彈奏一種樂器（第250頁）可以增加百分之五十交到一個朋友的機會，傳簡訊（第187頁）會失去這個朋友。

像這樣的研究持續在著名的期刊上發表，然而除非你是《實驗兒童心理學期刊》（*Journal of Experimental Child Psychology*）的訂閱者，否則你可能會錯過這些研究發現。這本書就是讓你知道科學家知道了些什麼——沒有博士學位的你，也可以讀懂我要告訴你的內容。

大腦科學家做不到的事

坊間那些教養的書為什麼會有這麼多迷思，我認為主要是他們沒有強有力的科學過濾器，把不對的訊息過濾掉。每個教養專家的看法不同，只要問他們如何讓嬰兒一覺睡到天亮就可以使他們吵翻天，得不出共識。我不能想像有什麼比新手父母更挫折的事了。

然而大腦科學不能解決所有的教養問題，它可以給我們一般性規則，但是在細節上，每個家庭是不同的。請看一下這則貼在「真誠的懺悔告白」（TruuConfessions.com）這個網站上的故事（本書中很多故事來自這個網站）：

> 我昨晚又把親愛的兒子的門給卸下來了，沒有吼叫或其他什麼的。我警告過他，如果在我告訴他不行之後他再關門，我就會把門給拆掉。我走在走廊上，發現他的門又是關上的，我就去拿把電鑽，把他的門給卸下來，放在車庫裡過夜，今早再把它裝回去。但是必要時，我會隨時再把它拆下來。

大腦科學家可以估算到這個情況嗎？當然不行。研究只告訴我們父母親必須給孩子清楚的規則，如果違反了這個規則會有什麼樣的後果，它不能告訴我們該不該把門拆下。事實上，我們才剛剛開始學習怎樣才算是好的教養。

教養的研究很難做有四個原因：

1. 每個孩子都不一樣

每個大腦神經迴路的設定都不同。對同一情境，沒有兩個孩子的反應會是相同的，因此不可能有適合所有孩子的教養忠告。因為孩子的個別性，我要告訴你，你一定要了解你的孩子，也就是要花很多時間跟他們在一起。了解他們為什麼會這樣做，了解他們行為的改變，是教養成功和不成功的關鍵。

從一個研究者的角度，研究大腦對外界環境所做反應這個題目是很令人感到挫折的。個體的複雜度加上文化的差異，每個人還各有自己的價值系統，除此之外，貧窮的家庭跟中上階級的家庭又有不同問題，大腦對這些都得做反應，但是反應的方式卻不相同，例如貧窮會影響智商，難怪這個領域很難研究，變項太多了。

2. 所有父母都不相同

在雙親家庭長大的孩子面臨兩套教養規則而不是一套，爸爸和媽媽的教養態度常常不相同，這是很多夫妻吵架的導火線。但是要教養好孩子，一定要先綜合夫妻兩人的價值觀，爸媽的態度必須一致才行。請看下面這個例子：

每次看到我弟弟和他太太對他們孩子的態度就快抓狂。我弟媳婦偶爾在沙發上管教兩聲，所以我老弟就過度補償母親那部分的不足，對每一件事都要管，還大聲罵。從外人看來，孩子不乖是他們根本不知道規則是什麼，他們只知道不管做什麼都會挨罵，乖不乖都一樣。

這根本是兩套標準，所以父母對如何教養孩子要百分之百協調好，方針一致才行。而這當然是做不到的。雙親家庭裡的教養方式一定是混合的，孩子會對不同的教養規則做回應，而這回應又影響了後來的教養方式。這些改變會使研究複雜（譯註：做研究最希望是分離出一個變項，仔細觀察這個變項在所有情境中的表現，因此，除了該變項外，所有其他的因素都不得改變，實驗結果才會乾淨漂亮，如果該變項隨著情境而改變，因為有了混淆變項〔confounding variable〕，那麼結論就會不清楚）。

3. 孩子會受到其他人的影響

孩子會長大，生活會更複雜，學校和同儕的互動會在塑造孩子的行為上扮演強有力的角色（很多人應該還記得自己念高中時的恐怖經驗吧）。有位研究者甚至主張同儕——尤其是同性同儕——對孩子行為的影響力遠大於父母。你可以想像，這句話受到極大的挑戰，但是並沒有被完全否定，因為孩子不是住在只有父母主控的社會生態情境中，他只要有接觸到其他人，別人自然對他的行為會產生影響。

4. 我們可以說「有關係」，但是不能說「有因果關係」

即使所有大腦迴路的設定都完全相同，所有的父母行為都千篇一律，目前的研究很多還是有問題（最多只能說是初期的報告，不是最後的結論），我們看到的資料都不是因果關係的資料。

為什麼這會是個問題？兩件事可以連結在一起而沒有任何因果關係，比如所有會發脾氣的孩子都會小便，這個相關是百分之百，但是你不能說小便使孩子發脾氣。

一個理想的實驗是：⑴找到一個使孩子聰明、快樂或有品德的祕密調味醬，⑵找到沒用過這種祕密調味醬的父母，提供他們使用，⑶二十年以後，測量這些父母所教養出的孩子的聰明、快樂或品德的程度。但是要這樣做，不只要花很多錢，也不可能做到。這是為什麼大多數的教養實驗，不但很昂貴而且在成果上不完美，也是為什麼大多數的教養實驗是相關而不是因果關係的。但我還是會告訴你這些數據，因為完美（perfect）不應該是好（good）的敵人（譯註：世界上很少東西是完美的，但只要是好的，我們就可以接受它，若是樣樣要求完美，就無法前進了）。這種研究的其他挫折還包括：

人類的行為是複雜的！

我們在表面上看起來也許很單純很沉靜，如鏡般的海面，但是在平靜之下，你會發現情緒的深谷，陰森黑暗的反芻，理性的動機幾乎被它們淹沒。偶爾，這種每個人都不同的特質會浮出水面，請看下面一個對學步兒的情緒反應：

> 好，就是這樣了。我再沒有任何一點的耐性，井已經枯乾了，我兩歲的兒子耗盡了我一生的耐性儲存量，所有能量在他三歲以前都給我用光了。我不知道要如何回復它以前的深度，

除非去加勒比海度假一週，加上無限暢飲的邁泰雞尾酒（Mai Tai）。

身為一個大腦科學家，我可以從這名女性短短的一篇文章中，找出八個行為研究的主題。她在對壓力做反應，她的身體反應跟最早在東非賽倫蓋提（Serengeti）大草原出現的人類祖先反應一樣。她會失去耐性，有一部分決定在她的基因，甚至她還在母親子宮時這部分就決定了；另一部分決定於她還是小女孩時，父母怎麼教育她。荷爾蒙也在這裡軋上一腳，就像她的神經訊號也有關係一樣，它們決定她怎麼看待她頑強反抗的幼兒。這裡也看到記憶如何來拯救她，或許她在回憶海上漫遊的經驗？這代表了她想逃避這一切。在短短的幾個句子裡，她帶我們從非洲的大草原到了二十一世紀。

而大腦的研究者，從演化理論學者到記憶專家，研究的就是這個。

所以還是有一些實體的東西，研究者可以告訴我們如何教養一個孩子。不然我也不會花那麼多時間寫這本書，這些資料是許多優秀的研究者花了很多時間在資料的金礦中淘出來的金塊。

和五歲之前的孩子有關

本書談到的大腦發展是從〇到五歲，我知道你在懷孕時就想吸收有關教養的知識，往後可能比較不會再去留意，所以這本書的目標在於盡早抓住你的注意力。你在孩子生命的頭五年——不是只有第一年——所做的事，會嚴重影響他往後的行為。我們知道這是真的，因為有一組研究者曾經很有耐心的追蹤了一百二十三名低收入、高危險群的幼兒四十年，直到他們四十歲的生日為止。這就是教養研究中最有名的「培瑞高瞻學前研究」（HighScope Perry Preschool Study）。

在一九六二年，研究者想知道他們所設計的兒童早期學前訓練的課程究竟多有效，就隨機把美國密西根州伊普西蘭提市（Ypsilanti）的孩童分為兩組，第一組上學前教育的課（這個計畫後來變成全美其他學前教育的範本，包括哈佛的「優先起步計畫」〔Head Start〕），第二組孩子則沒有。兩組的差異強有力的說明了幼年期對孩子一生發展的重要性。

有接受學前教育的那一組在學業成就上遠超過控制組，而且是全面性的，從智商高低和語言測驗到後來的標準化成就測驗（standardized achievement assessments）和語文能力測驗，實驗組都優於控制組。以一九七〇年加州成就測驗（California Achievement Test）的表現為例，參與計畫的學生成績比控制組高了許多：為百分之四十九比百分之十五。高中畢業的比率女生是百分之八十四比百分之三十二，但是這個差異在男生身上並沒有看到。

成年以後，實驗組的孩子比較不會犯罪，比較可以有穩定的工作；他們賺的錢比較多，也比較會存錢，比較多人擁有自己的房子。經濟學家估算了一下，投資到學前教育，社會成本的回收率是百分之七到百分之十，比投資股票市場的報酬率還高。

種子和土壤

高瞻學前研究是環境對教養孩子重要性的一個絕佳範例，但是大自然也扮演了同樣重要的角色。通常，兩者很難區分開來，就像這則老笑話所說的：「一個小學三年級的男孩回到家把他的成績單拿給爸爸看。父親看了就問：『你怎麼解釋這些D和F？』孩子看著爸爸的臉說：『你告訴我啊，這是先天還是後天的關係？』」

我有一次帶著念小學三年級的兒子去參加一場嘈雜的科學展，在參觀他同學做的一些種子、土壤和成長曲線的實驗時，一個小女孩非常認真的對我們講解她的實驗，她的種子DNA完全相同，其中一顆種在肥沃的土壤中，每天仔細澆水，另一顆是種在貧瘠的土壤中，每天也是仔細澆水。隨著時間過去，種子發芽了，肥沃土壤中長出了一顆茁壯的幼苗，她很驕傲的讓我握在掌心中；貧瘠土壤中長出一顆瘦小、枯萎的小植物，她也讓我拿在手心。她的重點是這兩顆種子的基因完全相同，都有可能長成茁壯的小樹，但是一開始的平等是不夠的，「你需要種子與土壤，」她跟我解釋說，才會得到你要的結果。

她當然是對的，這也是我在本書中所用的比喻，來分離教養出聰明快樂孩子的研究。有些因素父母可以控制，有些不行，一個是種子，一個是土壤；用盡全世界的資源都不能改變你孩子的能力有百分之五十來自基因的這個事實。好消息是，雖然我是遺傳專家，卻很相信，做為家長，你只要盡力，我們對孩子行為的影響是超過別人以為的百分之五十。這是一項巨大的工程，需要很多的勞力。這原因深藏在演化之中。

我們到底為何需要父母教養？

這個問題深深困擾很多演化學家。為什麼人類要花這麼長的時間才能扶養一個孩子長大？除了鯨以外，人類大概是這個地球上童年期最長的物種了，這個長達十年的童年期是怎麼來的？為什麼其他動物不必像我們這樣做？下面是兩個我們身為人類父母才有的快樂育兒經驗：

我覺得好像虛脫累得要死。小傑在我把他抱離小馬桶後，立刻大便在他的尿布上。他在地氈上吐了，把小馬桶翻過來，再次在地氈上小便。在洗澡的時候，他再次尿在地氈上。我已經累死了，覺得我沒辦法再扮演媽媽的角色了，然後，我突然發覺，我還在做……。

✧ ✧ ✧

我跟我先生講話的語彙常帶有幾分色彩，但是我們非常謹慎，從來不在女兒面前講粗話。我們顯然在某個地方不小心，全盤皆輸了。我母親問她，她的洋娃娃叫什麼名字，她回答：「屁眼（Asshole）。」這下完了！

沒錯，你得教孩子**所有的事情**——甚至包括如何調節他身體裡的水份。他們天生就會學習，這表示你得非常小心，在他們面前不可以有一丁點兒大意。這兩者（教的行為和學的行為）都要花很多精力，所以演化生物學家才會奇怪：為什麼有人願意做「當別人的父母親」這等工作？

這個工作的面試，性交活動，當然是很有趣；但是接著你被僱用去**養大這個孩子**，當然這份工作也有很快樂的時候，但是這項契約的重點很簡單：你給，他拿。你沒有薪水，只有帳單，而且你最好隨時準備接受一些驚嚇。在孩子上大學，申請助學貸款之前，你已經花掉二十二萬美元了。這份工作沒有病假或休假可請，你得永遠隨時待命，不論是晚上還是週末，每天過這種生活可能使你成為畢生的自尋煩惱者。然而，卻有成千上萬人說他們願意接受這份工作——可見這工作一定有某些吸引人的地方。

◆第一優先是生存！

大腦最主要的功能就是幫助我們的身體又活過一天，不論你的、我的、你寶貝孩子的大腦，統統是為了這個目的而存在。這個生存的理由跟達爾文一樣老，也像年輕人時下流行的性短信（sexting）一樣新：它使我們可以把基因投射到下一個世代去。人類願意克服自私自利的本性，以確保他家族的基因一定會傳到下一個世代去嗎？顯然是願意的。幾百萬年前，我們的祖先就這樣做了，使我們可以長大，掌控非洲的大草原，然後掌控全世界。照顧孩子其實就是另一個照顧我們自己通情達理、深奧微妙的方式。但是為什麼要花這麼長的時間和這麼多的精力？

這要怪我們那顆又大、又肥、過重、鍍了金的大腦。人類演化出一個體積比較大、智商比較高的腦，使我們能夠在一千萬年之間從豹子的食物變成宇宙的主宰，一千萬年在演化上是很短的時間。我們靠著站起來用兩隻腳走路，節省了能量，把大腦變大了，但是要站起來直立行走必須把骨盤腔變小。對女性來說，這代表一件事：非常痛而且常常會送命的生產過程。演化生物學家認為產道的寬窄和腦的大小就形成了武器競賽。假如嬰兒的腦太小，這個嬰兒會死（在沒有完善的醫療設備之前，早產兒通常活不過五分鐘）；假如嬰兒的頭太大，生不出來，母親會死。那麼解決的方式呢？在嬰兒的頭還沒有大到會殺死母親之前讓他生出來。這權宜之計的後果就是：在大腦還沒有完全成熟前就把孩子帶到世界上來；結果則是，**要負責扶養孩子長大成人**。

因為麵包在還未烤熟之前就被迫拿出烤箱，所以孩子需要已經有經驗的大腦來教導他，而且要教很多年。那些把嬰兒帶到這個世界的親人就負有教導孩子的責任了。你不需要翻達爾文學派的劇本，就會找到父母養育孩子這個行為的解釋。

這不是整個教養歷程的神祕之處，但是它說出了重要的精神：我們會存活下來，因為有足夠的大人成為好的父母，他們把這些只會吃、喝、拉、撒、睡的子孫帶到成年。我們對這一切完全沒有置喙的餘地，因為嬰兒的大腦還沒有準備好在這個世界求生存。

很顯然，童年期是危險的、很容易受到傷害的，從嬰兒出生到他可以繁殖下一代需要十幾年的時光，跟別的物種比起來，這可以算是永恆了。這中間的時間，不但大腦要趕快發展成熟，父母還得給予無微不至的注意與照顧。那些跟下一代形成緊密的保護和教學關係的大人，絕對比那些不肯或不能保護下一代的成人佔便宜，事實上，有些演化理論學家認為語言會發展出來，就是為了讓父子傳承的這項工作可以做得比較好、比較有效率。成人之間的關係對生存也非常重要，不管我們願不願意，人際關係還是決定我們成敗的一項重要因素。

我們是社會性動物

現代的社會是盡其可能的擺脫深度的社會連結，我們不停的搬家，我們的親人散居各處，相隔幾百公里或幾千公里。這些年來，我們是靠著電子郵件來維持友誼。新手父母一個最主要的抱怨就是他們被原來的社交圈隔離了，對他們的親人來說，嬰兒是個陌生人，對他們的朋友來說，嬰兒是個討人厭的詞。但是它本來不應該是這樣的。暫停一下，把這則故事中作者提到她朋友和家庭的次數圈出來：

我搬回去和我的祖父母住，以節省開銷，用這些錢去付學費。我是在這裡長大的，有著很深的根源，有一位跟我們很親密的鄰居過世了，他的家人準備把房子賣掉。今天晚上，我們幾個人，包括這位鄰居的兒子，在車庫裡小聚，大家喝著酒，感嘆這麼多鄰居和朋友都不在了。我們或哭、或笑，但是有種很奇怪的感覺，就是那些已經逝去的人也在那裡跟著我們一起笑，真是種奇怪的感覺！

我們是社會的動物，了解到大腦的這項本質，你就了解本書的許多主題，從同理心到語言到社會隔離的後果。因為大腦是個生物性器官，這個原因就出於演化上。大部分的科學家認為人類之所以會存活下來是因為我們形成互助的社會團體，這強迫我們花很多時間在人際關係上，去了解每個人的動機、內在心理以及報酬和懲罰的系統。

這樣做有兩個好處：一是可以團體合作，這個能力對打獵、找住的地方、抵禦外侮都很有幫助；另一個是協助扶養別人小孩的能力。嬰兒頭的大小跟母親產道之間的衝突，表示女性在生產完後需要休養，這時，必須有人來照顧這個嬰兒；如果母親死了，還得把養育的責任整個接收過來。這個工作絕大多數是落在女性的肩膀上（男性不能哺乳），很多科學家認為最成功的團體是男性在支持女性上扮演主動的角色，因為這種同心協力對我們的生存這麼重要，研究者給這個現象一個專屬的名詞：替代父母行為（alloparenting）。假如你覺得身為父母你實在無法一個人撐下去，那是因為父母的責任本來就不是要一個人承擔的。

雖然無法找到我們狩獵／採集的祖先如何養育嬰孩的直接知識，但是所留下的證據今天還看得到。我們知道嬰兒天生就熱切希望跟他人建立關係，親生父母是他最先接觸到的人類，家人就是當然的目標，然後延伸到其他人。有一位母親說她跟兩歲的兒子一起看電視節目《美國偶像》

（*American Idol*），當主持人訪問因落選而哭泣的參賽者時，她的兒子突然跳起來走去輕拍電視螢幕，說：「噢，不要哭！」這個小動作其實需要深層的人際關係技巧，但是這個可愛的孩子把這個生物歷程自動的表現出來了。我們每一個人天生就有跟別人連結的能力。

假如你了解大腦最關心的就是存活下來，而大腦又有跟別人連結在一起的深切需求，那麼，你就會覺得這本書的訊息有道理了，因為我要說的都是如何讓你孩子的大腦得到最佳的發展。

開始之前的幾點提醒

家庭的定義

你可能看過一則碳酸飲料的廣告。攝影機鏡頭跟著一個帥氣的大學生模樣的男孩，在一棟大房子裡的派對中轉著，這顯然是節日假期，他正忙著把你介紹給他的朋友和家人，哼著歌，倒飲料給別人喝。螢幕上有他的媽媽、妹妹、弟弟、還有「非常酷的繼母」，及他繼母帶過來跟他無血緣關係的兩個兒子，加上叔叔嬸嬸、堂兄弟姊妹、表兄弟姊妹、他的同事、他最好的朋友、他的柔道教練、他的過敏醫生，甚至他的推特粉絲。這是我所看到美國家庭定義改變最清楚的一個例子，而且改變得很快。

美國家庭的定義從來沒有穩定過，一個核心家庭的成員——一個男人、一個女人、二．八個孩子——是在英國維多利亞女王以後才開始的觀念。近三十年來美國離婚率高達百分之四十到五十，就像禿鷹似的在美國婚姻上盤旋，再婚又非常普遍，像上述的「混合」（blended）家庭比比皆是。單親家庭也越來越多，有百分之四十以上的生育是來自未婚婦女，四百五十萬個以上的孩子不是由親生父母養大而是由祖父母隔代教養大的，五對裡面有一對同性的夫妻在養育孩子。

社會的改變太快了，使科學家來不及好好研究它們。例如，你無法做一個二十年的同性婚姻研究，因為直到最近同性婚姻才合法化；這些年來，最好的教養資料來自二十世紀傳統婚姻的異性關係。在研究者有機會研究現代家庭的發展模式之前，我們實在無法知道，本書中所描述的是否可以直接套用到新的情境上。這是為什麼我在書中用「婚姻」和「配偶」，而不是「伴侶」。

故事的來源

本書中所用的第一人稱故事來自 TruuConfessions.com 這個網址，父母可以匿名將心裡的話寫上去，喚起別人的共鳴，尋求別人的忠告，或把自己教養孩子的經驗跟全世界人分享。

其他的故事來自我和我太太帶大兩個孩子的經驗，在寫這本書時，我的兒子約書亞（Joshua）和諾亞（Noah）正值青春期，在他們成長的過程中，我們每天記錄觀察到的行為，他們平常的一言一行。他們都確認過書中的這些例子，也同意我把這些記憶放進本書中。只有他們同意的故事我才寫在書上，我為他們的勇氣和幽默感鼓掌，感謝他們願意把早年的生活跟大家分享。

資料的來源

本書中有些地方是每個句子都有研究出處的。但是為了使讀者讀起來順暢，我把這些參考資料和註解都移到網路上了，讀者可以上 www.brainrules.net/references 查詢。在 www.brainrules.net 網站上有很多的輔助素材，包括成打的影片，某些主題書我刪除了，有些我保留著，這樣做的目的是使這本書在一個合理的長度，不要太厚，另一部分原因是它沒有足夠的支持文獻。

我太太的廚房

我們馬上要開始進入正題，因為這本書的資料非常多，我想用個比喻來組織它。這比喻來自我太太卡麗（Kari），她有許多長處，其中一項是烹飪，所以我們的廚房塞滿了許多東西，從最普通的麥片（是的，我們家吃「粥」）到外國的酒。她擅長做撫慰身體或心靈的食物，所以有很多煮牛肉湯必備的材料及醃雞的各種香料。卡麗也在廚房門外開闢了一方小小的菜園，裡面種有新鮮的水果和蔬菜，她用各種自然肥料去增加土壤的養分。在廚房中有張三腳凳，孩子可以站在上面拿高處的碗盤或幫忙燒菜。你在本書的章節中會看到這些東西，包括菜園的種子和土壤。我希望把我太太的菜園和廚房影像化可以使書中的想法和念頭變得比較親切，讓人容易接受。

準備好要去培養一個聰明、快樂的孩子了嗎?拉張椅子坐下，你馬上要讀到一個真正神奇的世界。這是你這一生所承諾最重要的一份、也可能是最有趣的一份工作了。

第一章 | 懷孕須知

大腦守則

健康的媽媽，健康的寶寶

有一天，我為一群準父母們演講，有一位女士和她的先生在我講完後到台上來找我，滿臉的焦慮。「我父親喜歡玩無線電通訊，是所謂的『火腿族』（ham radio operator，譯註：在一九六〇、七〇年代，還沒有手機的時候，美國高速公路的大卡車駕駛用這種無線電對講機來溝通，報路況，通知對向的駕駛哪邊有警察埋伏、抓超速，在緊急時也可以呼叫警察或救護車，純粹是業餘無線電愛好者所組成的一種團體），他告訴我先生，他要開始輕敲我的肚皮，他這樣做好嗎？這對胎兒有利嗎？」她的表情很迷惘，我也是。「為什麼要輕敲？」我問道。先生回答說：「不只是輕敲，他要我學摩斯密碼（Morse code），要我開始把摩斯密碼的訊息敲進孩子的大腦中，使這小傢伙聰明，或許我們可以教他回傳訊息！」這位太太喊道：「這會使我的孩子聰明嗎？我的肚皮很痛，我不喜歡這樣！」

我記得當時我很想笑，事實上，我們都大笑了一場；但是這對夫妻是認真的，我可以看到他們疑惑的眼神。

每次我講到發展中胎兒的心智生活時，都可以感受到一股焦慮的電波散發出來，這些懷孕的聽眾都非常關心，振筆如飛的抄筆記，興奮地跟隔壁的人耳語。孩子已長大的父母有的時候看起來很滿意，有的時候很後悔，有幾個甚至看起來有罪惡感。這個會場有懷疑、有驚奇，最主要是有很多問題。胎兒真的能在懷孕後期學會摩斯密碼嗎?假如可以，這對他有好處嗎?

科學家已經發現很多胎兒在子宮中的心智生活真相。在這一章中，我們要來看大腦發育的神奇歷程——從一小群細胞開始。我們會談到摩斯密碼是什麼意思，詳細說明什麼對子宮中大腦的發育有幫助（先給你提示：只有四件事）；我們也會順道推翻一些大腦的迷思，比如說，你可以把你的莫札特CD收起來了。

請安靜，胎兒在發育

根據我們對懷孕初期子宮中發育的了解，假如要我用一句話來忠告懷孕前半階段的父母，那會是：胎兒希望你不要打擾他。

至少在剛開始的時候，從胎兒的觀點來看，在子宮中最大的好處就是比較**缺乏刺激**。子宮是黑暗的、潮濕的、溫暖的，而且像防空洞那樣安全，比外面世界安靜許多，而胎兒需要安靜。生命一旦開始了，胚胎的小小大腦前身會以驚人的速度製造出神經元來，每分鐘五十萬個！那是每秒長出八千個以上的神經細胞。大腦以這種速度持續成長幾個禮拜，這在受精三週後便可以觀察到；它一直進行到懷孕的中期，這孩子在很短的時間內，完成了很多的事。一個安靜、平和、沒有無經驗父母干擾的環境，正是這個胎兒所需要的。

事實上，一些演化生物學家認為，這就是為什麼人類的懷孕會害喜（morning sickness），有的時候會害喜一整天而不是只有早上（對有些婦女來說，甚至整個懷孕的過程都在害喜），它使婦女只能吃清淡無味的飲食——這是說，假如她吃得下的話。這個避免飲食的策略使我們的女性祖先不會吃到有毒的或是已腐敗的食物，在更新世的時代食物沒得挑，基本上是有什麼吃什麼。隨著害喜而來的疲倦，會使婦女不去做危害胎兒安全的身體活動。

研究者現在相信，它也可能使嬰兒聰明。有個尚未被重複的研究（譯註：一個科學研究發表後，通常需要另一個獨立的研究室，依照論文所說的方式操作，也得到同樣的結果，這個效應才成立，這是科學的檢驗，因此，一個尚未被其他的實驗室驗證的數據，是在存疑的階段。本書作者是接受過嚴謹科學訓練的人，所以他在講實驗時，會先說明這個實驗目前的狀況）是觀察屆齡要上小學的孩子，他們的母親在懷孕時害喜的程度。結果發現ＩＱ在一三〇以上的孩子（到達所謂的資優程度），母親害喜者有百分之二十一，在沒有害喜的組中，只有百分之七的孩子ＩＱ到達一三〇以上。研究者的理論是說，兩種使母親嘔吐的荷爾蒙同時也是神經的營養素，母親嘔吐得越嚴重，養料就越多，所以ＩＱ的分數就越高了。

不管是什麼理由，胎兒是想盡辦法使你不要干擾他。

那麼，我們在這個階段或任何其他懷孕的階段，對胎兒的干擾實況是如何呢?我們其實做得不好，大部分的父母有著不可遏止的衝動要去幫助胎兒發展，尤其是大腦的發展，總覺得多少應該**做點什麼**才對。火上添油的玩具業，他們唯一的策略就是恐嚇父母不要讓孩子輸在起跑點上。請仔細看，我馬上要替你節省大把的銀子了。

懷孕傳聲筒不能造就天才

幾年前我去玩具店買東西時，看到一則專為新生兒和幼兒設計的數位光碟廣告，叫做天才嬰兒（Baby Prodigy）。這則廣告寫道：「你知道你其實可以增強你孩子大腦的發育嗎？生命最初的三十個月是孩子大腦發育最關鍵的時期……我們可以幫助你使你的孩子變成下一個天才兒童。」這種不實的廣告令我非常憤怒，一把將它扯下來，扔到垃圾桶裡去！

這種匪夷所思的誇大說法其實有很長的歷史。在一九七〇年代後期，出現了一個叫「產前大學」（Prenatal University）的商品，你可以去買這個課程，它宣稱可以增加嬰兒的注意力廣度、認知的表現和詞彙。這些在嬰兒尚未出生前就可以加以訓練，這些嬰兒在出生後還可以拿到一個「超級寶寶」（Baby Superior）的學位。八〇年代的後期，出現了「懷孕傳聲筒」（Pregaphone），透過一個像早期電話那樣的喇叭型聽筒放在母親的肚皮上，把媽媽的聲音、古典音樂或任何他們宣稱會增加孩子IQ的聲音，灌到母親的肚子裡去。因為賣得很好，後來更多的類似商品出現，宣稱「在子宮中教你的孩子拼字」、「在出生前就教你的寶寶第二語言」、「增強你的孩子數學能力，放古典音樂給他聽！」莫札特的音樂是父母最喜歡的，你應該聽過一個名詞叫「莫札特效應」（Mozart Effect）。到一九九〇年代，情況更糟了，那十年間，出版了很多「增加你孩子IQ二十七分到三十分」以及「增長你孩子的注意力長度十分鐘到四十五分鐘」的書，讓你每天照表操兵，去做無謂的事。

今天你走進任何一家玩具店，還是會看到這類宣傳品，這些廣告詞背後都沒有一絲的科學證據，更不要說經過同儕審訂的研究了。

把這種海報揉成一團，扔掉。

無論你相不相信，**沒有**任何一種商業產品有科學根據，證明它對發育中胎兒大腦的表現有**任何**增強的作用，連最不負責任的、非科學的論證方式都沒有。從來沒有任何一個雙盲（double-blind，譯註：因為藥物的療效有三分之一來自心理作用，所以醫學上的實驗都用雙盲法，即醫生、護士、病人誰都不知道病患吃的是藥物還是安慰劑，以免主觀偏向影響結果）、隨機分派（譯註：在實驗法上隨機分派很重要，沒有預設立場，隨機把病人分到實驗組和控制組，當樣本群很大時，就可以用隨機達到平衡病人個別差異的目的）的實驗，或任何嚴謹的實驗曾顯現出子宮的教育有任何長期提升成績的效用。也沒有任何雙胞胎一出生就被隔離長大的實驗，足以顯示某一個商品有它們所宣稱的效用，包括產前大學及子宮莫札特效應。

很悲哀的是，因為胎兒研究不多，所以當事實不夠時，神話就出來了。很多時候，謊話比事實更吸引人，即使經過這麼多年以後，這些騙錢的無用產品仍舊在市面上流通，像一張魚網一樣，把無戒心的父母一網打盡，把他們辛苦賺的血汗錢騙走。

> 沒有任何一種商業產品有科學根據，證明它對發育中胎兒大腦的表現有任何增強的作用。

這種急於創造出一個可以賣的產品的風潮，坦白說，令我們這些研究人員心驚膽戰。這種產品的似是而非性很可怕，因為它們這麼有吸引力，使家長趨之若鶩，反而使真正有意義的發現被忽略掉了。現在的確已經有一些父母可以做、可以增加他的寶寶尚在建構中大腦的認知發展，這些方法是被測試過、被評估過，而且實驗結果是刊登在有同儕審訂過的科學期刊上的。要了解這些報告的價值，你首先需要知道一點胎兒大腦發展的事實，一旦了解大腦中究竟發生了什麼事之後，你就很容易了解為什麼這麼多產品都是騙錢的了。

準備出發！

在製造嬰兒的劇本中，一開始上場的只有精子和卵子，一旦這兩個細胞結合了，它們就開始製造很多的細胞，人類的胚胎很快就看起來像顆桑葚（的確，在胚胎發育的早期階段就叫做morula，它是拉丁文的桑葚〔mulberry〕）。這顆桑葚的第一個決定是非常實際的：它要決定哪些部分變成胎兒的身體，哪些部分變成胎兒的庇護所。這發生得非常快，某些細胞被分派去蓋房子，製造子宮和水汽球（即羊水袋）使胚胎可以浮游在裡面。某些細胞被分派去建構胚胎，製造出一個內在組織的小圓球，叫做「內細胞團」（inner cell mass）。

我們需要在這裡稍作暫停、說明一下。內細胞團在這個階段所有的細胞都是將來要成為人類大腦的細胞祖先，這個有史以來最複雜的訊息處理設備正在建構中，它的起始點只有這個句子結束的那個句號的幾分之一大（編按：在此是指英文句點）。

我研究這個小黑點二十多年了，至今對此還是覺得驚奇，就像醫學散文作家湯瑪士（Lewis Thomas）在他的《一個細胞的生命》（*Lives of a Cell*）書中說的：「這個細胞的存在就是地球上最令人驚異的事了，人們應該在他清醒的時候打電話給彼此，什麼都不說，只談細胞。」去吧，去打電話給你的鄰居，告訴他們細胞這個奇蹟。我可以等你。

這個奇蹟持續在發生，假如你看得見它的運作的話。這個胚胎是漂浮在鹽水中，這個內細胞團其實就是一團細胞圍著胚胎，像鄉村嘉年華時擺攤位賣小吃的廚師一樣。這些細胞把自己安排成三層的細胞組織，像個起司漢堡一樣：最底下的麵包叫做「內胚葉」（endoderm），它會形成你寶寶器官和血管裡面的細胞組織系統；漢堡這一層是「中胚葉」（mesoderm），形成他的肌肉、呼吸器官、消化系統和骨骼；最上面那一層麵包是「外胚層」（ectoderm），它會變成寶寶的皮膚、頭髮、指甲和神經系統。寶寶神奇的腦前細胞（pre-brain cell）就是住在外胚葉中。

再靠近一點看，你會發現很小很小的細胞線在漢堡最上層麵包的中心排成一路縱隊，在這條線下面，圓木狀的圓柱開始成形，用上頭的線做為對齊的指標排成橢圓形。這個圓筒形狀就是神經管（neural tube），它最後會變成脊椎，遠端變成你寶寶的屁股，近端就變成寶寶的大腦。

假如出了差錯

這個神經管的正常發育是最重要的一件事，假如未能正常發展，寶寶會有突出的脊索（spinal cord）甚至背部下端長腫瘤，這叫做「脊柱裂」（spina bifida），或是寶寶的大腦發育不完整，這種罕見的情形叫做「無腦症」（anencephaly）。這是為什麼每一本有關懷孕的書都強烈推薦孕婦要吃維他命B群，因為它有助於神經管的成長，對神經管兩端的發育都有幫助。在懷孕初期就吃維他命B群的人，孩子神經管有缺失的機率降低了百分之七十六。這是第一件你可以幫助你的孩子大腦發展的事。

準父母們，不論古今，都很憂慮孩子有沒有適當的發育。一五七三年，法國外科醫生派雷（Ambroise Paré）寫書告訴父母應該要避免什麼，才不會生出有缺陷的孩子，他把可能影響孩子發育的事件分類，寫在《妖怪與天才》（*On Monsters and Marvels*）一書中：「第一件是上帝的榮耀，第二件是上帝的憤怒，第三，很多的種子（精子），第四，太少的精子。」派雷假設，天生的缺陷有可能來自母親的坐姿不良（兩腿交叉坐得太久），或是子宮太窄，魔鬼和妖怪，或是乞丐吐的口水。

我們可以原諒派雷在科學還不甚高明之前對子宮大腦發育的誤解，即使到了現代，大家對子宮大腦的發展還是不了解，很害怕，覺得神祕、太複雜了，以至於無法了解。今天的研究者還是無法解釋大約三分之二的先天缺陷。的確，只有四分之一的先天性缺陷可以用DNA解釋，也就是說，成功分離出了有問題的DNA。我們知道得這麼少的原因之一是母親的身體有個預防失敗的機制：如果在胚胎發展的初期有什麼不對勁，她的身體一感覺到不對勁，就會自動流產，大約有百分之二十的懷孕是終止於自然流產。已知的環境毒素，你真正可以測量到的只佔在實驗室中可以觀察到的先天性缺陷的百分之十。

精巧細胞網，電流噼啪響

很幸運的是，大部分胎兒的大腦都沒問題。在神經管一端的大腦持續它的建構工程，製造一坨一坨的細胞出來，好像珊瑚的形狀，它們最後會形成大腦。在胎兒一個月大之前，這些小小的腦前細胞已經長成龐大的軍隊，有幾百萬個細胞那麼多。

大腦當然不是被隔離出來單獨發展的，早期的胚胎在四個禮拜大時，會出現像魚類一樣暫時性的鰓，這些細胞很快被轉為臉部的肌肉及喉嚨的結構，使寶寶可以說話。這個胚胎下一步是長出尾巴，但是很快又被組織吸收回去。從這裡，我們看到演化留下的痕跡，我們跟地球上所有其他的哺乳類一樣分享這個發展的奇蹟，只有一件事除外。

這個胚胎神經管末端的細胞群會變成一個又大又肥、超級聰明的大腦——是所有地球動物中大腦與身體比率最大的一個。這大腦中有許多精巧像蜘蛛網一樣的細胞網路，因電流通過而噼啪作響。這裡有兩種重要的細胞，第一種叫膠質細胞（glial），孩子大腦中大約有百分之九十為膠質細胞；它們很重要，不僅提供大腦結構，並使神經元能夠正確的處理訊息，它的名字glial是膠（glue）的希臘文。第二種細胞是大家所熟悉的神經元。雖然孩子的思考主要是神經元負責，但是它們在大腦中只佔所有細胞的百分之十。這可能是另外一個迷思——你只有用到你大腦的百分之十這個錯誤觀念——的來源。

一個神經元，一萬五千個連結

那麼，細胞怎麼變成大腦呢？胚胎細胞透過一個叫做「神經發生」（neurogenesis）的歷程變成神經元。這就是在懷孕前半期，寶寶不希望有人打擾的那個時候，然後，在懷孕的後半期，神經元就遷移到它的家，定下來，開始跟別人連結，這叫做「突觸發生」（synaptogenesis）。

細胞遷移（migration）使我聯想起警察在搜尋犯人時，警犬突然從警車上跳下來，去追牠聞到的犯人氣味。神經元從外胚層的囚籠中掙脫出來，爬過其他的神經元，嗅著分子線索的味道，走走停停，不時的嘗試不同方向的路，最後停住，到達先天設定好的終點，它們張望一下左右鄰居，然後跟鄰居們連結上。當神經元這樣做時，一個很小的縫隙——界於兩個神經元之間的空間——就創造出來了，這個小縫就叫做突觸（synapse，這正是為什麼前面提到的那個名詞叫做突觸發生）。電流的訊息在兩個神經元的空隙之間跳動，把訊息傳遞過去，使神經元可以互相溝通。這個最後的階段是大腦發育真正的目標。

突觸發生是一個漫長的歷程，因為它非常複雜，一個神經元可以有一萬五千個以上的連結，有些神經元甚至有十萬個連結。這表示你的寶寶大腦每一秒鐘要有一百八十萬個新連結才能形成一個完整的大腦。許多神經元沒有走完這個歷程，像交配後的鮭魚，就死去了。

即使以這麼驚人的速度趕工，嬰兒的大腦在出生時還是沒有完工。大約有百分之八十三的突觸發生**在出生之後**繼續進行。令人驚訝的是，你的女兒的大腦要到她二十歲以後大腦迴路的連結才全部完成，男生的腦要更久，就人類來說，大腦是最後成熟的器官。

寶寶什麼時候可以聽到你、聞到你？

這個快速趕工生產新細胞的目的是為了建立一個有功能的大腦，可以接收刺激和做出反應的大腦。所以現在父母親的問題變成：胎兒知道什麼？他們什麼時候才知道？你的寶寶什麼時候才可以感覺到，比如說，在敲你的肚皮？

你要記得的發展原則是：大腦在懷孕的前半期是在蓋房子，建立神經解剖學上的商店，**非常感恩的忽略大部分父母的干擾**（我這裡指的是好意的干擾，而毒品，包括酒精、尼古丁等顯然會損壞懷孕期孩子大腦發育的品項並不在列）。懷孕的後半期就不同了，當大腦的發展從神經發生轉到突觸發生時，胎兒開始展現出他對外面世界的敏感度。神經細胞的連結非常容易受到外界的影響，包括你在內。

策略性的發展感官

寶寶是如何建構大腦的感覺系統？你去問傘兵司令就曉得了，他們會告訴你，要打贏一場戰爭需要三個步驟：第一，空降到敵人的領域去；第二，佔據基地；第三，跟自己的基地回報。這給予中央指揮官兩個資訊：打到哪裡了，以及現在情況如何，他才能決定下一步做什麼。感覺系統在子宮時，也是這樣做。

神經元先侵入大腦的某一特定地方，就像傘兵空降一樣，然後建立各個基地。那些跟眼睛有連結的神經元最後會用來做視覺的工作，耳朵的做聽覺、鼻子的做嗅覺。一旦它們的領域固定了之後，這些細胞就開始建立跟別人的連結，這些連結會幫助它們走到知覺下命令的總部去（在大腦中有好幾個中央總部），這些像執行長的結構給了我們知覺的能力，它們也忙著搶地盤，跟前面的傘兵空降部隊一樣。它們是子宮中最後架好神經網路的地區，這表示跟眼睛或耳朵或鼻子連結上的神經元在回報自己的總部時，可能會接受到「忙線」的訊號，因為時機不對，胎兒大腦有一部分會在胎兒知覺到刺激之前，對感官刺激做反應。

然而一旦寶寶可以知覺到聲音和氣味的輸入後，他們就可以很正確的對刺激做反應，這大約是在懷孕的後半期。寶寶也會潛意識的記住這些刺激，有的時候還真怪異，就像指揮家布羅特（

Boris Brott）有一天發現的。

◆胎兒的記憶

「它就是突然出現在我面前。」布羅特對他母親說。布羅特站在指揮台上，指揮交響樂團演奏一首他從來沒有指揮過的曲子。當大提琴手開始演奏時，他立刻知道他聽過這首曲子。這可不是一般的那種想起一首聽過的曲子，他是很精準的可以預測下一個音符，他可以預期這整首曲子的旋律，即使他找不到樂譜的位置，他也可以指揮，因為這旋律在他腦海中。

他嚇壞了，打電話給母親，他母親是位大提琴家。她在問了樂曲的名字後，開懷大笑，**這正是她在懷他時每天練習的那首曲子**，大提琴正好靠在她隆起的腹部，子宮裡正好充滿可以傳導聲音的羊水，把音符送進了胎兒的大腦中。他在發展中的大腦已夠敏感可以去記錄音樂了。「所有我用眼睛看到的樂譜，正是她在懷我時所演奏的。」布羅特後來在記者訪談時這樣說。對一個連〇歲都還沒有的器官來說，這真是了不起的能力。

這只是胎兒可以在子宮接收到外界訊息的眾多例子中的一個。我們等一下會看到，你所吃下的、所聞到的都會影響寶寶的知覺。對剛出生的嬰兒，這些是熟悉的東西，帶來家的感覺。

以下來看看你胎兒的感官——觸覺、視覺、聽覺、嗅覺、平衡感和味覺——在你從懷孕前半期轉為後半期（編按：以懷孕期四十週計算，前半期二十週，後半期二十週；又可以再分成十二週前為第一週期，二十八週後為第三週期，中間就是第二週期）時，他們開始對刺激起反應（譯註：發展跟反應不同，發展過程中不見得能做出反應，要發展成熟才有可能）。

◆觸覺

最早發展出來的感覺之一就是觸覺。一個月大的胚胎就可以感受到鼻子和嘴唇受到碰觸，這個能力傳播得很快，大約十二週，整個皮膚表面都能感受到碰觸了。

我發誓我可以在我太太懷孕到第三週期的中間時，偵察到我小兒子的動作，他很愛動，我可以看到像鯊魚鰭般的鼓起劃過我太太肚子。有一天，我又看到那個突出來的魚鰭部分在動時，我想它應該是小傢伙的腳，我就去摸一下，結果它馬上踢回來，讓我跟我太太都興奮得大叫起來。

假如你在懷孕的前半期這樣做，你不會得到任何反應。胎兒要到五個月大才能真正感受到觸覺，因為那時胎兒的大腦才發展完「身體地圖」（body map）——他整個身體的神經表徵。從懷孕的第三週期開始，胎兒已經展現出逃避行為（avoidance），假如針頭要刺進來取羊水時，他會想游開。從這裡，我們可以下結論說，胎兒會感到痛，雖然我們無法直接測量到。

在這個時期的胎兒也會感受到溫度，但是有可能到出生時大腦對溫度的感覺還沒有完全佈好線，它需要外界的經驗幫助它發展完成。在兩樁沒有關聯的虐童事件中，一個法國男孩和一個美國女孩被關起來，隔離長大，兩個孩子都不太能區辨冷和熱：女孩從來不能依氣候而正確穿著，即使外面很冷、結冰，她也不穿很多衣服；男孩則會徒手從火堆中挖馬鈴薯出來吃，不覺得燙。我們不知道為什麼，我們只知道在出生後，觸覺對孩子的發展很重要。

◆視力

胎兒在子宮中看得見嗎？這是個很難回答的問題，主要是因為視覺是我們最複雜的感覺。

視覺在懷孕四週後開始發展，胎兒頭的兩邊形成一個小小的眼點（eye-dots），像杯子狀的組織很快就從這圓點中浮現出來，這個結構後來變成水晶體（lens）的一部分。視網膜神經從這原始的眼睛後面蛇行出來，想要到達頭的後面，去跟以後會變成視覺皮質的地方相連結。這個皮質地區的神經元自己也很忙碌，準備要去迎接這些神經的旅行者，跟它們形成夥伴關係。到懷孕的第二和第三週期時，視覺皮質就充滿了大量神經元的送往迎來，有很多細胞死亡，有很多彼此打招呼完成連結。在這時候，大腦每天形成一百億個新突觸，你會覺得胎兒應該會偏頭痛才對。

這些活動的結果就是在出生前，胎兒已經具備了控制胎眼（blink）、瞳孔放大或眼睛追隨物體移動的能力了。實驗顯示，第三週期剛開始時，胎兒對照射到子宮的強光會躲避，並且改變心跳。但是這些神經迴路需要很長的時間才達到功能完善，寶寶需要九個月以上的時間才能真正完成這項工作，大腦會繼續完成一天一百億個神經連結直到出生後一年左右，在這段期間，大腦利用外在的視覺經驗來幫助完成內在的建構計畫。

◆聽力

假如你告訴我一個重要的科學發現是透過吸吮率及唸《戴帽子的貓》（*The Cat in the Hat*）發現的，我會勸你換個牌子的啤酒喝；但是在八〇年代初期，這個研究真的就是用這個方式做出來的。在懷孕的最後六週，參與這項實驗的孕婦被要求每天大聲的唸兩遍蘇斯博士（Dr. Seuss，譯註：他是知名童書作家，他的書句子很短，都有押韻，小孩很喜歡）的書。這是很大量的刺激：胎兒總共暴露在這聲音之下五個小時。當嬰兒出生後，實驗者給嬰兒一只奶嘴，這奶嘴連到一部機器上，可以測量出吸吮的強度和次數，假如嬰兒認得一個刺激，吸吮強度和次數就會改變。實驗者放嬰兒母親唸《戴帽子的貓》的錄音帶給嬰兒聽，或是給他聽他媽媽唸另外一個故事，或是完全不給聽任何東西，結果發現嬰兒喜歡聽媽媽唸《戴帽子的貓》，只要聽到這個錄音帶，吸吮率就上升；他媽媽唸另外一本書或沒有書，吸吮率就沒有差別。這表示嬰兒認得他以前在子宮中的聽覺經驗。

我們現在知道聽覺比這個實驗測試的時間更早開始發展，在受精後四週就可以觀察到跟聽覺有關的神經細胞。開始時是兩個像仙人掌形狀的東西出現在胎兒頭部兩側，叫做「原始耳泡」（primordial otocyst），它會形成寶寶聽覺的主要配備。一旦這個基地建立好了，下面幾週就全部用來建房子：從裡面的聽覺毛細胞（像貼在耳道上的小小鬍鬚）到看起來就像蝸牛殼的聽道。

這個結構什麼時候跟大腦連接上，使胎兒可以聽得見？答案各位現在應該是很熟悉了：懷孕第三週期的開始。在懷孕六個月時，你如果給胎兒聽答答的聲音，你會很驚訝的發現，大腦會送回微弱的電流反應！再一個月，這個反應不但增強，反應速度也變快了。再給他一個月時間，所有的事都改變了，現在你有一個快要出生的胎兒，他不但聽得見，還可以區分出各種語音，如「ah」和「ee」，或「ba」和「bi」。我們再一次看到空降部隊先建立基地，然後跟中央司令部連結起來。

胎兒在第三週期的尾聲時，已經可以聽到母親的聲音了。他們出生以後也比較偏愛媽媽的聲音，如果母親的聲音不清楚，很含混，像他們在子宮中所熟悉的那樣時，新生嬰兒的反應最強烈。嬰兒甚至對母親在懷孕時所看的電視節目起反應，有個很有趣的實驗是給還未出生的胎兒聽某一齣連續劇的片頭音樂，寶寶出生後假如播放這個音樂，他們會暫時停止哭泣（控制組沒有這個反應上的差別）。

不過重點無關讀什麼書或看什麼節目的個人嗜好，重點僅在於新生嬰兒對母親懷孕後期他們在子宮中所聽到的聲音，有強烈的記憶。

◆嗅覺

嗅覺也是一樣，在受精後五週，你會看到大腦在做嗅覺的迴路連結，但是，就

新生嬰兒對他們在母親子宮中所聽到的聲音有強烈的記憶。

跟其他的感覺一樣，這個知覺不會因為機器在那裡了，它就自動發生。剛開始時，胎兒像得了急性鼻炎似的，鼻子塞住不通，鼻腔中塞滿了保護鼻腔內細嫩組織的填充物，直到鼻子發育完成準備好去執行工作為止。所以，嗅覺，至少就我們所知，剛開始是沒有的。

在懷孕的第三週期時，這一切都改變了，那些組織被鼻涕（叫黏液膜〔mucous membranes〕）所替代，許多神經元直接跟大腦中管嗅覺的地方連結，母親的子宮也不像過去那麼挑剔，開始讓一些比較強味道的分子（叫加味劑〔odorants〕）進來。因為這些生物上的改變，胎兒的嗅覺世界在懷孕六個月後，就變得比較豐富、比較複雜，你的寶寶可以察覺到你所擦的香水，也可以知道你吃的披薩上有蒜頭。

寶寶剛出生時，他其實偏好這些味道，這叫「嗅覺標籤」（olfactory labeling）。神經科學專家艾略特（Lise Eliot）在《小腦袋裡的祕密》（*What's Going On in There?*，中譯本新手父母出版）中建議，不要立即用肥皂和水為剛出生的嬰兒清洗，研究顯示羊水的味道可以使他安靜下來。為什麼呢？因為羊水的味道會使嬰兒想起前面九個月所居住的溫暖安全的家，跟熟悉的聲音一樣，使他安靜下來。

◆平衡

假如你已經懷孕八個月了，或是你的寶寶出生還不到五個月，下面這件事你可以在家中自己試試看。你把寶寶平放在地上，輕輕抬起他的兩隻腳或兩隻手臂，然後放開手、讓手或腳自然落下，你會發現寶寶的兩隻手臂會自然張開從身體兩側伸出，手掌朝上，大拇指平伸，臉上是驚愕的表情，這叫摩洛反射（Moro Reflex，又稱驚嚇反射）。

在懷孕八個月時，你也可以在肚子中觀察到這個摩洛反射。假如你現在是在軟軟的床上讀到這一章，你可以翻過身去，假如你是坐著，請你站起來，現在，你有覺得什麼改變嗎?胎兒可以在子宮中做出完整的摩洛反射，這些動作常常刺激他們。

摩洛反射很正常，通常是在嬰兒嚇一跳時發生，尤其當他感覺到他要摔跤了。有人認為這是人類唯一不用學的恐懼反應。胎兒的這個反射很重要，如果沒有摩洛反射，表示孩子的神經發展有問題，嬰兒在出生後五個月之內應該要出現這個反射；但這也是有時限的，如果在五個月以後仍然持續有摩洛反射，也是神經發展有問題的徵象。

摩洛反射表現出來的是運動（motor，關乎動作）和前庭（vestibular，關乎平衡）的能力，胎兒在懷孕八個月時就已經有了。平衡能力使肌肉不斷的跟耳朵溝通，這是大腦在協調的；寶寶需要相當精密的溝通形式才能做摩洛反射。

嬰兒當然不是一出生就具備體操選手的素質，但是他們可以在受精後六週做出「胎動」（quickening）：即擺動胚胎的手，雖然有些母親要再過五週才能察覺到胎動。這個動作很重要，它必須發生，不然寶寶的關節無法適當的發展。到懷孕第三週期的中期時，你的寶寶已能有意識的指揮他的身體去做出各種協調好的一連串動作來了。

◆味覺

媒介味覺的細胞組織一直要到受精後八週，才會從胚胎的小舌頭中冒出來。當然，這不代表你的寶寶這時就有嚐東西味道的能力，這個能力一直要到懷孕的第三週期才出現。在此，我們再一次看到「接收在知覺之前」（reception-before-perception）的感覺發展形態。

值此之際，你會觀察到大家都很熟悉的一些行為。第三週期的胎兒在母親吃了甜的東西時，會改變他們吞嚥的形態：他們會大口吞比較多的羊水。母親飲食中的味道分子會透過胎盤進入羊水中，第三週期的胎兒平均每天會吞下將近一公升的羊水；這個效應強烈到你在懷孕末期所吃的食物，會影響你嬰兒飲食的偏好。

在一個動物實驗中，科學家將蘋果汁注射到母鼠的子宮內，當小老鼠出生後，牠們對喝蘋果汁顯現強烈的偏好。人類也有同樣的偏好效應，在懷孕的末期喝很多胡蘿蔔汁的母親，她的嬰兒也比較喜歡喝胡蘿蔔汁。這叫做「味道的設計」（flavor programming），你也可以在孩子出生後不久就這麼做，哺乳的母親如果吃很多豆子和桃子，你的寶寶在斷奶後也會喜歡這些食物。

任何東西只要能穿過胎盤，都可能激發偏好。

如何恰到好處

從觸覺到嗅覺到聽覺和視覺，胎兒在子宮中心智的活動是逐漸增加的，如果父母渴望幫助這些發展，可以做些什麼呢？假如運動技能這麼重要，準媽媽是否應該每十分鐘翻一次跟斗，來激發子宮中的胎兒做出摩洛反射？假如食物的偏好在子宮中可以設定，假如她們希望寶寶以後多吃蔬菜和水果的話，準媽媽是否應該在懷孕的後半期吃素？假如這些影響效果確實存在，我們是否應該把莫札特音樂或蘇斯博士的書灌進未出生胎兒的大腦中？

父母實在很容易就做出這種假設，所以我要提醒各位，這些研究呈現的是我們所知的邊緣而已，很容易過度解釋資料的意義。現有的資料還不足以解決早期心智生活的謎。這些都是很有趣的問題，但是僅供我們稍窺胎兒心智生活的一角，才沾上邊而已。

金髮女孩效應

胎兒大腦的發展使我想起「金髮女孩與三隻熊」（Goldilocks and Three Bears）的故事。這個經典故事是說一個金髮的小女孩闖進熊家庭的度假小屋，她嚐了桌上的稀飯、坐了牠們的椅子、睡了牠們的床。小女孩不喜歡熊爸爸和熊媽媽的東西，它們太大了，只有熊寶寶的東西「剛剛好」（just right），從稀飯的溫度到床的軟硬，她最喜歡熊寶寶的，因為最適合她。這故事就像所有經典的兒童故事一樣，它有許多版本。十九世紀它第一次出版時，作者蘇磊（Robert Southey）寫的是一個憤怒老婦人闖進熊家的茅草屋，試用了三隻公熊的物品，有文學歷史學者認為蘇磊是從「白雪公主」那裡得到的靈感，因為白雪公主也是闖進七個小矮人的家，吃了他們的食物、坐了他們的椅子，最後在某個人的床上睡著了。在早期的三隻熊版本中，闖進來的是一隻狐狸，不是女人，後來她變成小女孩，叫做銀髮（Silver Hair）、銀捲髮（Silver-Locks），最後變成金髮（Golden Hair），但是這些版本都保留了「剛剛好」這個原則。

所以許多動物都有這個剛剛好的特質，隱藏在牠們的生物構造或生理機制中，科學家把這個現象起了一個不太科學的名字：金髮女孩效應（Goldilocks Effect）。這個現象很普遍，因為要在這個有敵意的世界存活下來，我們需要平衡對立的力量，凡事過猶不及，太熱、太冷、太多水、太乾旱都不好，都會傷害到生物的系統，絕大部分的生物都需要維持體內平衡（homeostasis）。許多生物歷程都跟這個「剛剛好」的想法有關係。

已獲證明可以幫助胎兒大腦的四件事

那些已經證實可以幫助子宮中胎兒大腦發展的行為——尤其在懷孕的後半期更是重要——都跟剛剛好的金髮女孩原則有關。接下來我們可以看看四個這種平衡作用：**體重，營養，壓力和運**

動。你沒有看到懷孕傳聲筒，它不在名單裡面。

◆第一、體重增加到剛剛好

你懷孕了，所以需要吃比較多的食物。假如你不吃過量，你會有一個聰明的孩子，為什麼？你寶寶的IQ是他大腦容量的函數，腦的大小可以預測百分之二十左右的智商分數（前額葉最有預測力），腦的容量跟出生時的體重有關，所以，在某個限度之內，大的寶寶比較聰明。但是到達六・五磅之後增加就變慢：出生體重在六・五到七・五磅之間，IQ只有一分的差別。

食物的能量幫助寶寶長得更大，從第四個月起到出生，胎兒對你吃的食物種類和分量特別敏感。我們從營養不良的研究中知道這個情形，母親懷孕時若營養不良，會使胎兒在懷孕第二週期的神經元數量減少，神經元之間的連結比較少、比較短，絕緣也包得比較不好（譯註：神經纖維外面要包一層髓鞘做為絕緣體，使電流通過得比較快，比較不會短路）。這些母親在懷孕時營養不良的孩子們長大後，比較容易有行為上的偏差，語言的發展比較慢，IQ比較低，成績比較不好，一般來說運動能力也差。

孕婦需要吃多少？這決定於你在進入懷孕時身體的狀況，壞消息是百分之五十五的生育期美國婦女已經太胖。她們的身體質量指數（Body Mass Index, BMI）在二十五到二十九・九之間。假如你是這樣的情形，那麼你只需要增加十五到二十五磅（約六・八到十一・三公斤）就可以得到一個健康的寶寶，這是根據美國國家醫學研究院（Institute of Medicine）的計算；在懷孕的第二週期和第三週期時，你每週要增加〇．五磅。假如你太瘦，身體質量指數低於十八．五，你需要增加二十八到四十磅（約十二．六到十八．一公斤），才能使寶寶大腦發育得最好。這是在懷孕的後半期，每週增加一磅，對正常體重的婦女也是要每週增加一磅。

所以，能源的多寡是有關係的。現在有越來越多的證據顯示，你在關鍵期所吃的食物（燃料）種類很重要。下一個平衡來自你想要吃的食物和對你寶寶大腦發育最好的食物之間的平衡，很不幸的是，它們通常不是同樣的東西。

◆第二、吃正正好的食物

婦女在懷孕時常常有很奇怪的食物偏好，她們會突然喜歡過去很討厭的食物，而原本很喜歡的食物現在會變得很討厭。任何一個懷孕的婦女都可以告訴你，這絕對不僅是酸黃瓜和冰淇淋而已。有一位婦女想吃灑了檸檬汁的墨西哥捲餅，她足足吃了三個月；另一位婦女想吃醃秋葵；有很多婦女想吃冰，甚至有人想吃不是食物的東西。懷孕婦女喜歡吃的奇怪東西清單中，有一項經常出現的是痱子粉，另一樣是煤炭。有個婦女喜歡舔灰塵，然而異食癖（pica）是一種病，假如想吃非食物的東西如灰塵、泥土或黏土超過一個月以上，那就不正常了。

有任何證據顯示你該注意這些懷孕的怪癖嗎？這是寶寶在告訴媽媽他需要什麼樣的營養嗎？

答案是百分之百「不」。有一些證據顯示假如鐵質不足，會被有意識的偵察出來，但證據薄弱；絕大部分有影響的是一個人如何在每天的生活中運用她所攝取的食物而已。一個焦慮的人可以被巧克力中的化學成分所安撫，她會覺得比較舒服，下次處在壓力下時，她就會想吃巧克力，而懷孕的婦女常常感到壓力（想吃巧克力反映出一個習得的反應，而不是一種生物的需求；不過我想我太太應該不同意）。我們並不知道為什麼懷孕的婦女會有五花八門的渴望與需求。

當然，這不表示身體沒有營養的需求，懷孕的婦女是一艘有兩個乘客卻只有一間廚房的船，我們還想要在廚房中塞一些讓大腦可以發展的食材。嬰兒健康成長所需的四十五種營養中，有為數龐大的三十八種對神經的發展很重要，你可以從懷孕婦女專用的維他命瓶罐上看到這份清單。我們可以從演化歷史中找到該吃什麼的指引，因為我們知道幾百萬年前人類演化出來當時的氣候——那個支持大腦變大的氣候——所以我們可以猜測幫助大腦變大的食物種類。

洞穴祖先的菜餚

有一部老電影叫《人類創世：求火》（*Quest for Fire*），電影一開始便是我們的祖先坐在火堆旁吃著各種食物，大型昆蟲在火焰旁邊飛，突然，一位祖先手伸出去抓住半空中的昆蟲，把牠塞進嘴裡，很滿足的咀嚼，眼光持續瞪著火；他的同伴則在接下來的電影情節中挖地上的球根和尋找樹上的水果。歡迎來到更新世的佳餚世界，我們每天吃的是草、水果、蔬菜、小型哺乳類和昆蟲，偶爾，我們會獵到猛獁象，那時，我們就會有紅肉吃，可能連續吃個兩三天，直到肉腐敗；一年當中，大約有一、兩次，我們可能會找到蜂窩而有蜂蜜吃，即使是那樣，也只有零星的葡萄糖和果糖。有生物學家認為我們之所以容易蛀牙，是因為在演化的過程中糖並不符合祖先演化的經驗，所以我們沒有發展出對抗它的機制。這種飲食法（除了吃昆蟲之外）現在被稱為「舊石器時代飲食」（paleo diet）。

這聽起來有點無聊，也有點熟悉：多吃蔬菜和水果，飲食均衡，到現在仍然是懷孕婦女最好的忠告。對非素食的人來說，紅肉是**最好的**鐵的來源，大腦的發展需要鐵，成人大腦的正常運作也需要鐵，不論你是否吃素。

奇蹟藥

坊間對你該吃什麼、不該吃什麼有很大的迷思，不只對懷孕的時候，而是終其一生。我在華盛頓大學任教時有個模範學生，他是除非把手坐在屁股底下，不然一定舉手發言的那一型學生。有一天下課後，他氣喘吁吁的來找我，他正在準備醫學院的入學考，發現了一種「奇蹟」藥物，「它是神經的仙丹，」他宣稱：「能增進你的記憶，使你思考得更周延，我應該吃嗎？」他在我面前秀出一張銀杏根的廣告。銀杏（*ginkgo biloba*）是從銀杏樹中萃取出來的物質，幾十年來，廣告都是說它可以增進年輕人和老人——甚至阿茲海默症（Alzheimer's disease）病人——的記憶。

這個說法是可以測試的，所以有不少的研究都開始研究銀杏，如果傳言屬實，這是一大商機，所以製藥廠也很熱中。很抱歉，我告訴學生，銀杏並不能增進任何健康人的認知能力——不能幫助記憶、不能幫助視覺—空間的建構，不能幫助語言或心智運動的速度，也無助於執行功能。「那對老人怎麼樣？」我學生問。也不能，它不能防止也不能減緩阿茲海默症、失智症，甚至無法影響跟年齡有關的正常的認知能力下降。其他的植物藥草，如金絲桃（St. John's wort，或名聖約翰草，據說可治療憂鬱症）也一樣無效。我學生垂頭喪氣的走了，「最好的方式是好好睡一覺！」我在他後面叫道。

為什麼這種不符事實的營養神話，連我聰明的學生都會受騙？第一，營養的實驗是很難、很難做的，而且它的研究經費出奇的少；那種長期追蹤、嚴謹的、隨機分派以建立食物效果的實驗沒有人做。第二，我們所吃的大部分食物在分子的層次都很複雜，比如葡萄酒中就有三百種以上的不同成分，通常你很難分離出食物的哪一個部分是有幫助，哪一部分又是有害。

我們身體處理食物的方式又更複雜了。我們對食物的新陳代謝方式也不是一概相同，有人連從一張白紙都能吸出卡路里，有人喝奶茶也不能增加體重；有人用花生醬做為主要的蛋白質來源，有人在飛機上聞到花生醬的味道就會引發過敏，甚至死亡。對研究食品營養的人來說，沒有哪一種飲食是對所有人都有同樣效果的，因為每個人的體質不同，尤其是懷孕的婦女。

神經元需要亞米加三脂肪酸

所以你會看到，到現在為止，只有兩種營養補充品有足夠的數據支持，它們對子宮中的大腦發育有影響：一是葉酸（folic acid），在受精時吃最有幫助；另一個是亞米加三脂肪酸（omega-3 fatty acid）。亞米加三是細胞膜的關鍵成分，沒有它，細胞的功能不全。人類自己製造亞米加三很困難，所以最好從外面攝取，送入我們的神經中。吃魚，尤其是油脂多的魚是個好方法。研究發現我們如果無法攝取足夠的亞米加三，得失讀症（dyslexia）的機率就高很多，也會有注意力不足（ADD）、憂鬱症、雙相情緒障礙症（bipolar disorder，或稱躁鬱症），甚至思覺失調症（schizophrenia）的危險。一般人從正常的飲食中就會得到足夠的脂肪酸，所以不是問題，但是數據沒有強調一個重要的事實：大腦需要亞米加三脂肪酸來使神經元正常的運作。顯然喜劇影集《三個臭皮匠》（*The Three Stooges*）幾十年前就知道了——劇中賴利說：「你知道，魚是非常好的大腦食品。」莫說：「你知道，你應該去釣隻鯨的。」

假如適量的亞米加三就能使你不會智障，那麼，鯨那麼大的量應該使你更聰明了？這裡，實驗數據不清楚，但是好幾個研究都說這個問題值得更深入的探討。有個哈佛的研究是檢視一百三十五個嬰兒IQ和他們母親在懷孕時的飲食習慣，結果發現母親在懷孕的第二週期吃比較多魚的寶寶比較聰明——所謂聰明，我指的是嬰兒在認知測驗的表現比較好，這些測驗測的是寶寶在出生六個月後，在記憶、辨認和注意力的表現。這個效應並不大，但是存在，所以，研究者鼓勵懷孕的婦女每週至少吃十二盎司（約三百七十公克）的魚。那麼魚肉中含的汞又怎麼辦呢？汞不是會損害認知嗎？看起來，利大於弊。研究者建議懷孕的婦女一週吃十二盎司的魚，最好是鮭魚、鱈魚、沙丁魚，北大西洋的黑線鱈（haddock）及低脂鮪魚罐頭這種含汞比較少的魚，而不要去吃壽命比較長的劍魚（swordfish，旗魚）、鯖魚（mackerel）和長鰭鮪（albacore tuna）。

我知道現實情況是吃得恰當有多困難，不論你是控制你該吃多少或吃什麼，都很困難。在這裡金髮女孩原則又派上用場了：對每一種該吃的種類，你要吃得夠，但是不能太多。

◆第三、避免太多的壓力

這對一九九八年一月四日在魁北克（Quebec）的懷孕婦女來說，不是件好事情。超過八十個小時，加拿大東部籠罩在冰雨和細雪之下，突然間氣溫急劇下降，大自然連續的出擊，把加拿大東部變成冰天雪地的地獄。一時間承載不了冰雪，幾千支電線桿像骨牌效應一樣，紛紛倒下；隧道崩陷，三十人死亡。政府宣布進入緊急狀態，軍隊出動幫忙，即使這樣，還是有幾千個人幾週沒有電，而外面是冰天雪地。沒有電基本上就沒有暖氣，假如你那時懷孕，沒有辦法去醫院做例行的產檢，祈禱老天保佑你不要在那個時候生產，你真的會緊張死，你沒有辦法不感到壓力。你的胎兒也一樣感受到壓力，這次暴風雨的效應**幾年後**還可以在孩子的大腦中看到。

我們怎麼知道呢？有一組研究者決定看看大自然的災害對子宮中的胎兒有什麼影響，他們追蹤當時在娘胎中的這些孩子直到他們入學。結果很嚇人，當這些「冰風暴」孩子五歲時，他們的行為與那些沒有經歷到暴風雪媽媽所生的孩子有顯著的不同。他們的語文智商及語言發展遲緩，即使在控制了父母親的教育程度、職業及收入後，仍然如此。那麼，母親的壓力是罪魁嗎？看起來是如此。

母親的壓力對胎兒的發育有嚴重的影響，我們以前並不知道；不久之前，我們甚至不知道母親的壓力荷爾蒙會進到孩子身上。事實上不但會，而且對她孩子有長期的行為後效（behavioral consequences），尤其假如這個母親是長期的或嚴重的處於壓力中，而時間上正好是對壓力最敏感的懷孕後期，那麼孩子受到的傷害最大。

假如你在懷孕時有嚴重的壓力，後果是：

- 改變孩子的脾氣，嬰兒會變得比較易哭易怒，不容易撫慰。
- 降低寶寶的智商，從嬰兒一歲所做的智力測驗顯示，在某些心智和運動的項目上，平均分數下降八分。用魏氏（David Wechsler）智力測量一九四四年的基模（schema）來看，這個差別在「一般ＩＱ」和「聰明正常」（bright normal）之間。
- 抑制寶寶未來的運動技能、注意力狀態及集中注意的能力，這個差異到六歲還看得到。
- 損壞寶寶的壓力──反應系統。

● 讓寶寶的大腦縮小。

有一項針對各不同經濟發展階段國家的一百多個研究的回顧，也看到了壓力對發育中大腦跨文化的負面效應。上面冰風暴研究的主持人拉普蘭特（David Laplante）有一次低調的表示：「我們懷疑暴露在高壓力之下，可能改變了胎兒的神經發展，所以影響到幼兒期孩子神經行為能力的表現。」

溫和的壓力 vs. 有毒的壓力

這嚇到你了嗎？並不是所有的壓力都有相同的威力。溫和的壓力是大多數懷孕的媽媽每天感受到的，這其實對胎兒有好處（壓力常驅使人們動起來，我們認為這豐富了胎兒的環境）。子宮是個令人驚異的堅固組織，它和它的小房客可以平安度過一般性的懷孕壓力，它只是沒有準備好接受猛烈攻擊。那麼，你怎麼區辨會傷害大腦的壓力和典型、好的、甚至有中度正效的壓力呢？

大部對你不好的壓力都有個共同點：你對降臨到你身上的壞事情沒有主控權。當壓力越來越大，從溫和到嚴重，從急性轉為慢性時，這個自己沒有主控權的感覺就使壓力變成災難了。這會影響寶寶。一旦你知道如何區辨這些不好的壓力，它們馬上變得很明顯，例如遭逢離婚、配偶或其他親密的人死亡、失業或成為犯罪行為的受害者等生命中的大事時。收入也是一項重大因素，尤其當你的收入本來就在貧窮線上下時。其他的因素可能沒有這麼顯著：例如沒有朋友（社會孤立），工作上的長期不如意，或慢性疾病。

當然，對抗壓力的故事沒有簡單的。有些人的抗壓性的確是比別人好。有些人對壓力敏感，有些人對壓力有抵抗力，現在有越來越多的證據顯示，這個敏感度有基因上的關係。有這種基因的婦女在懷孕時要想辦法把壓力維持在最小程度，不管你的背景和環境如何，壓力主要的關鍵就是失去控制，沒有主控權時，壓力就產生了。

正中紅心：胎兒的壓力反應系統

很多研究想了解母親的壓力如何影響胎兒大腦的發展，我們現在終於可以開始從最本質的層次回答這個問題：從細胞和分子的層次來解謎。這個重要的壓力荷爾蒙是腎上腺皮質素（cortisol），它是皮質醣（glucocorticoid）中最惡劣的分子，這些荷爾蒙控制了我們最熟悉的壓力反應，從使心跳加快到突然失禁，皮質醣強烈到大腦發展出一個「抑制」系統（braking system）來關掉它，這個地方叫下視丘（hypothalamus），只有豌豆大小，藏在大腦的中間，它控制這些荷爾蒙的釋放和抑制。

母親的壓力荷爾蒙會透過胎盤進入胎兒的大腦，就像飛彈事先設定好去擊中目標一樣。它的第一個目標是寶寶的邊緣系統（limbic system），這個地方跟情緒的調節和記憶有關。太多的荷爾蒙會讓這個地區的發展變慢，這是為什麼我們會認為假如母親是在很嚴重的壓力之下，或長期處於壓力的情境，孩子的認知會受損。

第二個目標是我剛剛提到的抑制系統，那個在壓力過去後應該去控制皮質醣濃度的下視丘。從母體而來的大量荷爾蒙意謂著胎兒無法關掉自己的壓力荷爾蒙系統，他的大腦變成泡在皮質醣中，濃度高到無法控制。寶寶會帶著這個受損的壓力反應系統直到成年。這個孩子在壓力之下很難踩煞車，高濃度的皮質醣就變成生活的一部分；假如她後來懷孕，她就把她的胎兒浸在有毒的水中，胎兒發展出不正常的下視丘，分泌出更多的皮質醣，下一代的大腦就縮得更小了。這個惡性循環會持續下去。過度的壓力是有傳染性的：你從你的孩子身上得到壓力，你也給他們壓力。

取回主控權

顯然有太多的壓力對懷孕的婦女及她的寶寶都不好，為了使你的寶寶大腦得到最高效率的發展，你必須為自己打造一個壓力小的環境，尤其在懷孕的最後幾個月。當然你不能翻天覆地的改變自己的生活，因為這個動作本身就是很有壓力的行為，但是你可以藉助配偶的溫柔照顧減少你的壓力，我們在後面的章節中會再談到它。你同時也可以檢視一下你的生活，什麼地方是你無法自我控制的，然後想辦法形成策略，使你重新拿回主控權。在某些情況下，這表示該離開引起壓力的情境，暫時的幫手會帶給孩子大腦長期的效益。

現在有很多的方式可以去除壓力，在 www.brainrules.net 網站上，我們列出了許多研究文獻證實可以減輕壓力的方法。一個最重要的方式就是運動，運動有很多好處，它是下面第四項和第五項平衡作用的主角。

◆第四、做恰恰好的運動

我一直對牛羚（wildebeest，譯註：非洲產的類似牛的羚羊，偶蹄的哺乳類動物）的生命週期很好奇。這種動物是以牠年度的大遷徙而聞名，成千上萬的牛羚以一種類似催眠、一致性的動作在遷徙，從坦尚尼亞和肯亞的非洲大草原到開闊的樹林地不停的遊走。牠們遷徙有兩個目的，第一，也是最重要的，是尋找新的草原，牠們的體重有六百磅，卻必須一直走動，因為牠們是獵食者很喜歡的獵物。

因為這種一直不停在移動的關係，牠們生命週期中的懷孕和生產就特別引人注意了。牛羚的懷孕期幾乎跟人類一樣長，大約二百六十天，但是牠跟人的相似性從分娩開始就沒有了。母牛羚很快的生下小牛羚，除非難產，不然她也很快就復原。小牛羚也是，出生一個小時左右很快就能站起來，牠們必須如此，因為小牛羚是族群的未來，也是族群中最容易受傷害、最可能變成花豹的晚餐的。

人類同樣也是在這個草原上演化出來的，我們跟牛羚有著同樣的天敵和獵食者，我們也跟牠們一樣有獵食／被獵食的問題。你可以想像，我們跟牠們最大的不同在生產和撫養上，人類要花很長的時間才能復原（因為頭太大的關係，這是演化的祕密武器，強迫自己從很狹窄的產道中出來），人類的孩子要到一歲左右才會走。雖然如此，演化的回聲暗示運動是我們生活的一部分，包括在懷孕的時候。考古人類學家認為我們的祖先為了覓食一天至少走二十公里。

身體健康的產婦不需要用力推

這是否表示運動應該是人類懷孕的一部分？證據顯示答案是肯定的。懷孕時保持健康的理由很多，第一個好處是實際的利益：有運動的產婦分娩容易些。許多婦女認為生產是她們一生中最快樂也最痛苦的經驗，但是有運動的婦女卻沒有這麼多痛的經驗。分娩前用力推通常是最痛的階段，研究顯示相較於常運動、身體處在最佳狀態的產婦，沒有運動的婦女要花上二倍的時間才能走完產程。毫無疑問，有運動的產婦對生產的痛感也不像沒有運動的產婦那麼強烈。

因為推的階段短了很多，嬰兒就比較不會經驗到大腦缺氧的情況。假如你害怕生產的痛，你最好趕快去運動，使身體處於最佳狀態。這理由純粹來自非洲的賽倫蓋提大草原。

運動可以減輕壓力

身體健康的母親生下的寶寶也比過於肥胖的母親生下的寶寶來得聰明。這有兩個理由，一是運動的直接效益——尤其是有氧運動——運動直接幫助胎兒大腦發育。這部分還需要更多研究，但是有氧運動跟壓力減輕的關係這方面的數據倒是很深厚。

某些運動真的可以幫助懷孕婦女減低壓力的負面效應。記得那些侵入神經細胞、引起大腦損傷的有毒皮質醣嗎？有氧運動會使大腦產生一種分子，可以有效的阻擋皮質醣的毒性作用。這個英雄分子叫做大腦神經生長因子（brain-derived neurotrophic factor, BDNF）。大腦神經生長因子越多，壓力越小，這就表示比較少皮質醣在你的子宮中，表示你的寶寶大腦發育得比較好。

這樣說聽起來有點奇怪，但是母親的身體越健康，她的寶寶聰明的機會就越高——至少你比不運動、身體狀況不佳的母親有更多的機會去活化孩子的智商。

運動太激烈，寶寶會過熱

照例，凡事要平衡，過猶不及。寶寶可以感受到母親的動作，也會對它做反應。當母親的心跳加快時，寶寶的心跳跟著快起來，當母親的呼吸變快時，寶寶的呼吸也跟著快——但是只有在適度運動的時候。一旦運動過度，尤其在懷孕最後幾個月，寶寶的心跳和呼吸反而會下降。之所以造成影響在於過度運動可能會阻止血液流向子宮，限制了胎兒的氧氣。關於懷孕後期的運動建議，可以請教你的小兒科醫師。到懷孕第三週期時，孕婦攝氧量本來就低，所以應該減少劇烈的運動，準備生產。在懷孕的後期，游泳是最好的運動，水會幫忙把子宮中多餘的熱散發掉。

那麼，怎麼樣才是剛剛好？一句話：適度的有氧運動。對大部分的婦女來說，這是使你的脈搏在最高心跳率的百分之七十以下（二二〇減去你的年齡，乘以〇・七）。當預產期快到時，減緩你工作的腳步，但你還是應該運動。只要你沒有其他的醫療併發症，美國婦產科醫學會（American College of Obstetricians）建議**每天**適度運動三十分鐘。

即使我們不是牛羚，這也是很好的忠告。

任何小事都有幫助

或許你平常沒有每天運動的習慣，或許你為在懷孕時多喝了第二杯咖啡而有罪惡感，如果是這樣，或許你會感激研究者所提供的令你安心的話：智人這個物種，已經在地球上成功的製造寶寶二十五萬年了，在沒有這些實驗之前，我們也過得很好，製造出很多聰明的寶寶來，使我們征服了世界。你的好意──在媽媽的肚皮上敲摩斯密碼──在你替發展中的胎兒打造一個理想的環境之前，還有很長的一段路要走。

重點提示
Key Point

大腦守則

懷孕須知

- 在懷孕的前半期，寶寶希望安靜，不希望被打擾。
- 不必浪費錢去購買宣稱可以增加胎兒IQ、氣質或人格的產品。沒有任何證據證明這些東西有效。
- 在懷孕的後半期，胎兒開始知覺和處理很多的感覺訊息，他們可以聞到你擦的香水。
- 懷孕時期寶寶大腦的助燃劑是：增加適當的體重、飲食均衡、適度的運動以及減輕壓力。

第二章｜婚姻關係

大腦守則

從同理開始

我記得我們把剛出生的老大約書亞從醫院抱回家時，我完全昏了頭，不知道自己在做什麼。我把新生嬰兒放在汽車的兒童安全座椅上，祈禱我有把他的安全帶綁對。我以蝸牛般的速度把車從醫院開回家，我太太坐在後座，確保每一件事都沒出錯。到現在為止，一切都安好。

當小傢伙被抱進家門之後，他的小臉突然皺起來，不爽了，開始放聲大哭。我們替他換了尿布，他繼續哭。我太太餵他，他吸了一兩口，又開始哭，想要從我太太手中掙脫出去。他在醫院時不是這樣的呀？我們一定有什麼地方做錯了。我抱著他、我太太抱著他，最後，他終於安靜下來，好像要睡了，我們大大鬆了一口氣。「我們沒問題的。」我們一直告訴自己，夜已深了，我們決定跟他一樣去休息。但是我的頭剛剛碰到枕頭，約書亞又開始哭了，我太太爬起來餵他，然後把約書亞交給我。我輕拍他，等他打嗝，換好尿布，把他放進搖籃中，他看起來十分沉靜，好像已經適應了新環境。於是我回到床上，但是還沒有感受到被單的溫暖，他又哭了。我太太很疲倦，她才剛剛從二十一小時的生產過程中復原，所以不可能幫忙。我爬起來，抱起約書亞搖他，直到他好像又安靜下來了，於是輕輕把他放回搖籃，他沒有哭，我成功了！我爬回我的床，頭正要碰到枕頭時，他又哭了。我把頭埋在棉被中，希望哭聲會停止，但是它沒有，我該怎麼辦？

這種情形每天發生，我很愛我兒子，但是那個時候我在想，我幹麼去生這個兒子！我不曉得一個這麼可愛的東西怎麼會這麼難搞，我學會了一個重要的教訓：一旦孩子來到這個世界，每日生活的計算式要重新學過。我的數學很好，但是對如何解決每天晚上孩子哭這件事，一籌莫展。

對新手父母來說，第一個震撼就是這份新的社會契約，**寶寶拿、父母給**，故事結束。很多父母震驚的是寶寶完全顛覆他們原有的生活品質，尤其是他們的婚姻，寶寶哭、寶寶睡、寶寶吐，寶寶要抱、要換尿布、要吃奶，這些都在早上四點之前發生，然後你或是你的配偶要去上班。每天這樣過日子，父母只奢求一秒鐘、一小平方吋的安靜給自己，但是他們從來就得不到；你甚至不能在你想的時候上廁所，你睡眠不足、失去朋友，你家裡亂七八糟，家務都沒有做，你的性生活不存在，你幾乎沒有力氣問另一半他今天過得怎麼樣。

在這種情況下，夫妻關係有變，你覺得驚訝嗎？

這個主題很少被討論到，但它是個事實：在寶寶出生的頭一年，夫妻敵意的互動快速增加。有的時候，嬰兒帶來充滿荷爾蒙的蜜月期（我認得一對夫妻不停的跟對方重複泰戈爾〔Tagore〕的詩：每個孩子都帶著上帝的訊息而來，上帝還沒有對人類失望），即使是這樣，事情還是很快就惡化下去，這個敵意可以強到在某些婚姻中，有小孩其實是離婚的一個危險因子。

為什麼我要在談嬰兒大腦發展的書中提到這件事？因為它對嬰兒大腦的發展關係重大。我們在〈懷孕須知〉那一章中看到，子宮中的胎兒對外面的刺激是多麼的敏感；一旦寶寶離開了他舒適、安全的水之家，他的大腦更容易受傷害。長期暴露在敵意之下，會侵蝕孩子的ＩＱ及應付壓力的能力，而嬰兒對照顧他的人之需求是這麼的強烈，他會將大腦的神經迴路重新配線，依他所經歷的動盪衝擊做調整。假如你要你的孩子有最好的大腦，你需要知道這些實際情形。

當我在講授嬰兒的大腦時，爸爸（幾乎都是爸爸）常詢問的是如何使他的孩子進入哈佛，這個問題每次都會教我生氣，我吼道：「你要讓你的孩子進入哈佛？你真的想知道實驗數據在說什麼嗎？我告訴你數據在說什麼，回家去好好愛你的太太！」這一章就是有關為什麼婚姻的敵意會發生，它如何改變嬰兒發展中的大腦，你又如何可以抵消這個敵意，將它的傷害降到最低。

大部分的婚姻會受到衝擊

大部分的夫妻在懷孕時，從來沒有想到他們的婚姻會起這麼大的波動。嬰兒不是應該帶給我們歡樂的嗎？這是許多人一廂情願的想法，尤其是假如我們的父母在一九五〇年代後期長大——這個時期對婚姻和家庭的看法還是非常傳統。電視影集如《天才小麻煩》（*Leave It to Beaver*）和《奧齊與哈麗雅特》（*Ozzie and Harriet*）都是有智慧的上班爸爸、充滿了愛心的家庭主婦媽媽，孩子都很聽話，即便不聽話，闖出來的禍也是很容易處理，在二十三分鐘內就解決掉了。這些影集大多數是演中產階級的生活，大多數是白人家庭，大多數是錯誤的描述。

對這個艾森豪時代（Eisenhoweresque）的看法潑冷水的，是著名的社會學家列馬士特（E. E. LeMasters）。他發現正好相反，生孩子並不能拯救婚姻。他在一九五七年發表的論文中顯示百分之八十三的夫妻，因為新生活的到來反而更增加婚姻的不穩定性。當然，這些發現引起很多人的批評和質疑。

隨著時間和更多的研究證明，站在列馬士特這邊。現在的研究者有更好的研究方法和更長的研究時間，他們的研究結果顯示新生嬰兒對大多數的夫妻來說都是壓力。列馬士特終究是對的。

到八〇年代後期和九〇年代時，針對十個已開發國家的調查，包括美國，都顯示無論男性或女性，對婚姻的滿意度在有了第一個小孩後急劇下降，而且持續下降十五年，一直要到孩子離家上大學，夫妻的感情才會再好起來。

我們現在知道這個長期的侵蝕是婚姻中一般常見的經驗，婚姻的品質在第一次懷孕的最後週期到達頂峰，從為人父母那一刻開始，一路往下跌，在孩子週歲前下降百分之四十到六十七。最近一個研究用不同的問法，把這數字逼到百分之九十。在這十二個月裡，婚姻衝突所帶來的敵意急劇上升，父母親有臨床憂鬱症的機率上升，的確有三分之一到一半的新手父母表明承受婚姻的壓力，這些飽受困擾的夫妻已經在找治療師補救婚姻了。對婚姻的不滿通常是從媽媽開始，然後轉移到爸爸。我引用最近發表在《家庭心理學期刊》（*Journal of Family Psychology*）上的一篇論文：「總結來說，為人父母加速婚姻走下坡——即使是原來對婚姻還相當滿意、而且是自己選擇要有孩子的夫妻也是如此。」

一位英國離婚律師回憶他所辦過的一個案子。艾瑪的先生沉迷於職業足球賽，尤其是曼聯隊（Manchester United team），又叫做紅魔（the Reds）。當孩子降臨時，情況變得更糟了，艾瑪以這當做離婚訴求，她的先生回答說：「我必須承認，十次中有九次，我寧可看紅魔比賽也不願跟我太太上床，不過這不代表我不尊重艾瑪。」

看了上述的發現後，任何想要小孩的夫妻應該先去做一下精神科的測驗，然後選擇結紮。我們該怎麼辦？

希望的種子

其實還是有希望的。我們知道，在為人父母後，婚姻衝突的四個重要來源是：睡眠不足、社會孤立、勞役不均和沮喪憂鬱。我們一項一項來檢驗，如果夫妻了解這些，他們就可以警覺自己的行為，情況就會好一點。我們也知道不是每一對夫妻都有這個問題。

婚姻關係很親密的夫妻在為人父母後可以承受孩子到來第一年所刮起的強風，那些很想要孩子、計畫了很久的夫妻也可平安度過第一年。事實上，預測婚姻幸福最強的指標是夫妻同意要有小孩。有一個大型研究調查夫妻兩人都想要小孩，跟只有一方想要小孩時的婚姻情況，當雙方都想要孩子時，很少會離婚，婚姻的快樂程度維持同樣甚至上升；所有意見相衝突的夫妻（有一方不要小孩，通常是男方），到孩子五歲時，不是分居，就是離婚了。

這數據來自前面提過的《家庭心理學期刊》，下面的引文則為我們帶來較多的希望：「總結來說，為人父母加速了婚姻走下坡——即使是原本對婚姻還相當滿意、而且是自己選擇要有孩子的夫妻——**但是計畫生育及懷孕前婚姻的滿意度，一般來說，可以保護下坡中的婚姻。**」

大眾以為婚姻即使在為人父母後也不會變得不好，有些根本不受影響；但是就如列馬士特和後來的研究者的發現，它不是大部分人的經驗，社會後果大到應該有人去做調查（譯註：不生孩子的社會後果就是我們台灣現在面臨的）。研究者開始問：「嬰兒抱回家後，夫妻在吵什麼？這些衝突對嬰兒會有什麼樣的影響？」

尋找安全感是嬰兒的第一優先

研究者發現嬰兒的情緒生態環境（emotional ecology）會嚴重影響他的神經系統發育，要了解這個相互作用，我們必須先說一下嬰兒對環境令人不敢置信的敏感，這個敏感度是有很強的演化根源的。

最早的研究來自哈洛（Harry Harlow，譯註：遠流出版《愛在暴力公園》〔*Love at Goon Park*〕一書中有詳細介紹他這個劃時代的研究，他的實驗到目前為止，仍是心理學一百年來最重要的實驗，任何一本心理學教科書中都要提到），他在威斯康辛大學麥迪遜校區的實驗室觀察小猴子的行為。他的發現可以應用到人類嬰兒身上，從這裡，你會看到我們演化的根有多深。哈洛教授看起來就跟五〇年代的科學家一模一樣，連眼鏡都是當時學者戴的那種大似飛盤的書呆子眼鏡。他自己承認，他其實有興趣的是「愛」，但是他所表現出來的，不論是專業或私人領域，都跟別人不同。他的第一任妻子是他的學生，在生下兩個小孩後跟他離婚；哈洛第二任太太是一位心理學家，後來死於癌症；在哈洛的晚年，他又跟他以前的那位學生再度結婚。

哈洛設計了一連串的實驗，都是開疆拓土的實驗，以前沒有人做過。但是因為他把剛出生的小恆河猴與母猴隔離，被批評不人道，甚至有人認為美國動物人權運動（animal rights movement）就是因他而起的頭。他把小猴子單獨放在一個房間中，只有一個鐵絲做的媽媽；哈洛喜歡用「有色語言」（colorful language）來描述他的實驗：他把關小猴子的房間叫做「絕望坑」（pits of despair），鐵絲做的媽媽叫做「鐵少女」（iron maidens）。但是他隻手撐起嬰兒情緒依附（infant emotional attachment）這個領域，他的研究替後來探討父母親的壓力如何影響嬰兒的行為打下了基礎。（譯註：強烈推薦讀者閱讀《愛在暴力公園》，真正認識這位偉大的學者。我不同意作者對哈洛的批評，他只有一句話是公平的，就是哈洛開創了愛的研究這個領域。他的實驗只有一句話可以形容：石破天驚。中國人以前拍孔子的馬屁，說天不生仲尼，萬古如長夜，哈洛的實驗對我來說也是一樣，他把心理學導回了正途。過去心理學的一些研究沒有什麼意義，因為它沒有「心理上的真實性」〔psychological reality〕，從哈洛開始，心理學才跟人有關係，才是真正的心理學。他的第一任、也是第三任太太克拉拉說得好：「你可能喜歡哈利，你也可能不喜歡哈利，但是你不能否認，他永遠是獨一無二的。」哈洛是我心中的英雄，不管別人怎麼說他。）

哈洛的實驗室裡放了兩個「媽媽」，一個是絨布做的，溫暖，但是身上沒有奶瓶；另一個是鐵絲做的，冰冷，但身上有瓶奶。哈洛將剛出生的恆河猴放進房間，觀察牠會去找哪一個媽媽，結果小猴子大部分的時間黏在絨布媽媽的身上，只有肚子餓才過去鐵絲媽媽那邊吃幾口，稍微不餓就馬上跑回來抱著絨布媽媽。假如把小猴子放進沒有絨布媽媽、只有鐵絲媽媽的房間，這時，小猴子會嚇到不能動彈，然後大聲尖叫，在房間裡跑來跑去，好像要找牠的媽媽。

小猴子對絨布媽媽的偏好是不管你用什麼花樣，或做多少次都一樣，這個實驗的紀錄影片會令人心碎，它的結局也教人一輩子忘不了。孩子要的不是食物（譯註：這一點打敗了當時盛行的行為主義，也使哈洛上了黑名單），孩子要的是安全感。

人類的嬰兒雖然比猴子複雜，但是他們要的也是同樣的東西。

◆有樣學樣

寶寶對安全感非常敏感，雖然你不仔細觀察會看不到。孩子一出生好像只忙著吃喝拉撒睡，這騙過了很多研究者，以為嬰兒什麼都不會想（譯註：這是為什麼在西方，嬰兒會說話以前是用it來稱呼他的，認為他沒有思想，跟動物一樣）。科學家用拉丁文 tabula rasa 也就是白板（blank slate）來描述嬰兒的心智狀態，把嬰兒看成完全無助小東西。你想看一看令你驚異的例子嗎？

一九七九年，華盛頓大學的心理學家梅爾索夫（Andy Meltzoff）對一個剛出生才四十二分鐘的嬰兒吐舌頭，然後看嬰兒有什麼反應，嬰兒努力了一下，慢慢的把他的舌頭也吐了出來；梅爾索夫再次把他的舌頭吐出來，小嬰兒又照著做了一次。梅爾索夫發現嬰兒一出生就有模仿別人的能力（至少出生後四十二分鐘就有），這真是個非常令人驚訝的發現。要模仿一個動作不是那麼容易，中間有許多心理歷程：先要知道被模仿的那個人的存在，了解他在動的身體部件你也有；所以寶寶絕對不是一塊白板，他是塊令人驚訝、全力運轉的認知板。

基於上面這個發現，梅爾索夫設計了一系列的實驗想找出嬰兒天生設定可以學的東西，看他們在追求學習目標時，對外在影響力有多敏感。梅爾索夫做了一個木頭盒子，上面蓋了一塊橘色塑膠板，裡面裝了一顆電燈泡，如果他去碰塑膠板，燈泡就會亮。

接下去發生的事就是《搖籃裡的科學家》（*The Scientist in the Crib*，中譯本信誼出版）中描述的：「安迪（Andy）讓寶寶看某種從來沒有人採用過的方式玩玩具，比如說，他用他的額頭去頂一個盒子的上端，額頭一碰到時，盒子就亮起來了。寶寶看得目瞪口呆，非常的驚奇，但是他們不能自己去碰那個盒子。」然後母親抱著寶寶離開實驗室，不知道今天的實驗有什麼意思。一週之後，「母親又抱著寶寶回到實驗室。這次，安迪沒有做任何示範就把盒子給寶寶玩。這些寶寶立刻用他們的額頭去碰觸盒子的上端。」

這些寶寶都記得！他們只看過一次，而且隔了一個禮拜，但是十二個寶寶中有八個記得用額頭去頂盒子的上端，盒子會亮起來。而控制組的二十四個寶寶（他們沒有看過這種玩法），沒有一個用頭去碰觸盒子。

這只是兩個例子，用來說明嬰兒生來就有令人驚異的認知能力，他們大腦中有許多智慧的儀器，可以展現各種能力；他們了解遠處的東西跟近處的東西是一樣的，只是距離把它變小了；他們也能判斷一個在動的東西的速度；他們了解籃球上的黑線會隨著籃球而滾動，因為線條是籃球的一部分，他們是共同體。嬰兒一出生就能分辨人臉和非人臉，他們顯著偏好人臉。從演化的觀點來看，能夠分辨人臉代表了一個強有力的安全能力，我們終其一生都對臉敏感。

嬰兒在還沒有接觸到這個世界之前，怎麼會擁有這個能力？沒有人知道，但是他們就是有，而他們很快且很有智慧的會去運用這些能力。嬰兒會形成假設，然後驗證他的假設，還會評估結果，跟一個經驗老到的科學家一樣。這表示嬰兒是一個非常討人喜歡、很努力的學習者，他們不漏掉任何的學習。

有個很有趣的例子顯示嬰兒的這個能力。有一個小兒科醫生送她三歲的女兒去托兒所，醫生把她的聽診器放在車子後座，她的女兒就拿起來玩了，很正確的把兩端塞進耳朵，醫生看到了很高興，女兒可以克紹箕裘了，她沒想到孩子把聽筒放到嘴邊，然後大聲說：「歡迎光臨麥當勞，請問今天要點什麼？」

是的，你的孩子無時無刻不在觀察你，他們被他們所觀察到的行為所影響，**有樣學樣**很快會從「好可愛」「好好笑」變成嚴重的行為偏差，尤其爸媽吵架的時候。

◆與你的連結提供寶寶安全感

假如存活是大腦最重要的優先排序，那麼安全感就是這個優先順序的表徵。這是哈洛的鐵絲媽媽教我們的。嬰兒沒有自衛的能力，完全處在一個「人為刀俎，我為魚肉」的情境，嬰兒對這情境的了解，使他把安全感的需求放在所有優先順序的最前面。

那麼，他怎麼做？他會很快地設法跟地方權力結構建立良好的關係，那個權力結構就是你。我們把這情形叫做「依附」（attachment）。在建立依附的過程時，孩子的大腦強力監控他所接受到的照顧：我有東西吃嗎？我有被撫摸嗎？誰是安全可靠的人？假如孩子的需求都有被滿足，大腦的發育是一種方式；如果沒有，基因的設定會使大腦朝另一方式發展。你可能不會相信，但是嬰兒從一出生睜開眼睛，就在觀察他的父母，因為演化使他們知道，觀察父母的行為對他們最有利。當然，你也可以說，他們非這樣不可，因為他們沒有別條路可走。

嬰兒跟照顧他的人建立依附關係、取得安全感的窗口是有時間性的，過了這個時間，窗口會關上，他們會蒙受長期的情緒損傷。在極端情況下，這個傷疤會跟著他一輩子。

我們會知道這個影響，是因為大約在一九九〇年時，一位西方記者對羅馬尼亞孤兒院一則令人心碎的報導。在一九六六年，羅馬尼亞共產黨的獨裁者西奧塞古（Nicolae Ceausescu）下令不論已婚、未婚，都不准二十五歲以上的婦女避孕，也不准墮胎（譯註：二十世紀的財富在勞力，而羅馬尼亞在二次世界大戰後國內勞動力不夠，壯丁都死在戰場，為了急速增加勞動力，才會有這種不合理的命令）。當人口增加，貧窮率和無家可歸的人也跟著增加時，孩子就被遺棄。西奧塞古的解決方式是成立國家孤兒院，幾千個孩子被收容在像倉庫一樣的孤兒院中長大。

當西奧塞古開始出口大量的作物和工業產品以換取外匯來付國債時，這些孤兒就沒飯吃了。孤兒院中的悲慘情形令人震驚，這些嬰兒沒有人抱、沒有人注意，他們沒有什麼感官上的刺激，許多是被綁在床上，幾個小時或甚至幾天沒人管，除了天花板沒有什麼可以看的。你可以走進一間幾百床的孤兒院而聽不到一點聲音，毛氈上浸滿尿液，沾了大便，還有蝨子。這種孤兒院的死亡率高到令人痛心，被西方記者稱為「兒童集中營」（pediatric Auschwitz）。這種情況製造出來一大群被嚴重虐待和飽受創傷的孩子，一些西方家庭伸出援手收養這些可憐的孩子，給他們較好的生活。

有個研究就是追蹤一些加拿大家庭收養了羅馬尼亞孤兒後，看這些孩子在新環境中適應的情形。研究者很容易就把已經成長的孤兒分成兩個群體：有一組看起來很穩定，社會行為、壓力反應、成績表現、身體健康都和健康的加拿大當地孩子沒有差別；另一組就不同了，他們有顯著的行為問題、飲食問題，比較容易生病，有攻擊性的反社會行為。這兩組為什麼會有這種顯著的差異呢？收養的年紀不同。

假如孩子在出生四個月以前被收養，他們的行為跟你所看到的孩子沒什麼兩樣；但是假如收養時已經八個月以上了，他們的行為就像幫派份子。小的時候沒有辦法找到安全感，沒有辦法跟大人形成依附的連結，會對孩子的大腦系統造成傷害，因為這是很大的壓力，這個壓力會對孩子日後的行為產生影響。他們雖然脫離那個可怕的孤兒院很久了，但是他們永遠不會從那種創傷中釋放出來。

壓力的作用在使我們立刻進入「戰或逃」的反應，不過應該只說「戰」，人類壓力的典型反應只有一個目的：把足夠的血液送到你的肌肉去，打贏這場仗。我們通常在被逼得沒有退路時，才會反擊；即使那樣，我們也是打到可以逃時便馬上逃，不會戀戰。在受到威脅時，大腦送出訊號，分泌出兩種荷爾蒙，腎上腺素（epinephrine，又名 adrenaline）和腎上腺皮質素，它們都是皮質醣分子。

這些反應都非常複雜，它需要時間去協調每一個連結使得出的反應恰當，這是嬰兒出生第一年的工作。假如嬰兒在很安全的環境中長大——如一個情緒穩定的家庭——這個系統就會如慢火煨的雞湯一樣，非常的完美；假如不是，正常對付壓力的歷程失敗，孩子會進入高警戒狀態或完全癱瘓的狀態。假如嬰兒生活在一個憤怒、暴力情緒的環境中，他的壓力反應系統會被調整到「過度反應」（hyper-reaction）的階段，這個情形叫做腎上腺皮質機能亢進（hypercortosolism）；假如這嬰兒嚴重被忽略，如羅馬尼亞孤兒院中的孩子，那麼這個系統會變成反應不足，叫做腎上腺皮質機能不足（hypocortisolism）。那樣的孩子眼神空洞，人生就如美國搖滾歌手史賓斯汀（

Bruce Springsteen）所引述的，是一個長期的緊急狀態（Life can seem like one long emergency）。

父母爭吵時會發生什麼事

你不需要讓孩子在死牢長大來看它對嬰兒大腦發展的負面效果，只要父母每天眼睛睜開就在找尋對方的不是就夠了。父母吵架、婚姻衝突就足以傷害孩子大腦的發育，這個效果會一直持續到成年期，雖然目前對這個看法仍有些爭議。

所有父母都知道，當大人吵架時，小孩是很恐懼的，但是他們可以作出反應的年齡卻是讓研究者跌破眼鏡。六個月大的嬰兒就可以知道大事不妙、爸媽在吵架了，他們可以經驗到生理的改變——血壓升高、心跳加快、壓力荷爾蒙出現，這一切都跟大人一樣。有研究者宣稱，他可以從嬰兒二十四小時的尿液檢驗中，知道父母親有沒有吵架。嬰兒和幼兒不見得了解父母在吵什麼，但是他們可以感覺到氣氛不對勁。

情緒調節變困難

壓力也會顯現在行為上，在情緒不穩定家庭中長大的嬰兒對新的刺激比較缺乏正向的反應，也不太容易從壓力中回復過來，使自己安靜。簡單的說，不會調節他們的情緒。在壓力環境中長大的孩子甚至連腳都發展不好，因為壓力荷爾蒙會干擾骨頭吸收礦物質。到孩子四歲左右時，他們身體中荷爾蒙的濃度會比同年齡的孩子高兩倍左右。

這是很悲哀的事，因為這個效果是可以被逆轉的。即使是極惡劣環境中的嬰兒，只要在八個月大以前換到充滿愛心、關懷備至的環境中，十週便可看到壓力荷爾蒙調節（stress-hormone regulation）的明顯改善。你只要放下拳擊手套，孩子就能獲得改善。

假如婚姻的敵意狀態一直持續，孩子會顯現出所有長期壓力的現象，他們是憂鬱症和焦慮症的高危險群；他們也很容易感冒，因為壓力會降低免疫系統；他們對同儕有敵意，交不到朋友，也比較難專心或調控情緒在統計上。這些孩子的ＩＱ比在正常家庭中長大的可以低到八分。你就能了解，為什麼他們念完高中的比例比一般孩子低，就算高中畢業，學業成就也比別人低。

假如我們從結局來看這個不穩定性——離婚就是一個最容易找到的罪魁——我們觀察到孩子很多年後還在背著這個債。離婚家庭出身的孩子到他們十四歲時，吸毒的機率比別的孩子高了百分之二十五。他們也較易未婚生子，自己的離婚率也比別人高兩倍。在學校裡，他們的學業成績比穩定家庭出身的低，所以也不容易申請到大學獎學金。假如父母沒有離婚，百分之八十八的高中生會得到助學金，完成大學學業；婚姻失敗的家庭，這個數字縮到百分之二十九。

哈佛就再見了。

要在孩子面前和解

即使在情緒穩定的家庭，父母偶爾還是會吵架。幸好研究發現父母在孩子面前吵架後，如果後來有和好，它對孩子的傷害就低於吵完架冷戰、不和好的情況。許多夫妻會在孩子面前吵架但私下和好，這會使孩子產生偏頗的觀點，因為孩子通常只看到傷口，但是沒有看到繃帶。父母如果在吵完架後，再特意在孩子面前重修舊好，會給孩子一個榜樣，讓他知道怎樣公平的吵架以及怎樣和好（譯註：所謂公平〔fair〕是指就事論事，不挖瘡疤，不溯既往）。

你們會吵架的四個主要原因

為什麼你們會吵架？我在前面從新婚夫婦晉升到為人父母的章節中有講到四個原因。如果不處理，每個都會嚴重影響你的婚姻，而你的婚姻會影響你孩子大腦的發展。我把它叫做「四顆憤怒的葡萄」（Four Grapes of Wrath，編按：引申自史坦貝克〔John Steinbeck〕的小說《憤怒的葡萄》，描寫美國一九三〇年代經濟大蕭條時失業和失去土地的工農被剝削的痛苦），它們是：**睡眠不足、社會孤立、勞役不均和沮喪憂鬱**。

假如你有小孩，在統計上，把寶寶從醫院帶回家後，你至少會碰到其中一個。這個戰爭開始於床第之間，不，我不是指性。

◆第一、睡眠不足

假如你的朋友中有新手父母，問問他們對下面艾茉莉的抱怨是否很熟悉：

> 我很痛恨我先生，因為他可以一覺睡到天亮。我的女兒九個月大，每天晚上還是要醒來兩次到三次。我先生根本沒聽到，一覺到天亮，起來還要抱怨「他累死了」。在過去的十個月裡，我沒有一天晚上有睡超過五到六個小時的，有個剛會走路的孩子，加上一個嬰兒，我整天忙得不可開交，而他說他累死了？

我們等一下會來談婚姻上勞役不均的事，現在先看一下艾茉莉為什麼睡這麼少，以及睡眠不足對她婚姻的影響。

你很難高估睡眠不足的影響，大部分的待產夫妻都知道寶寶出生之後，晚上的情況會有些改變，但是他們多半不知道這個改變有多大。把這句話記在你的心頭：**嬰兒沒有什麼叫就寢時間**。事實上，**你的**生活時刻表跟他毫無關係，在新生嬰兒的大腦中，吃和睡沒有固定的時間表，它是隨機分布在二十四小時內；這就是我前面講的社會契約：他拿、你給，誰叫你要把他生下來？

這情況會持續好幾個月，即使半年過去，還不見得看得出他生活的週期，有時要更久。在這期間，百分之二十五到四十的嬰兒有睡眠問題，這個統計數字在全世界都可以觀察到。嬰兒最後會建立穩定的睡眠週期，我們以為這是烙在他的DNA上，但是在這個乾燥（譯註：這是相對於子宮的潮濕而言，並非指房間乾燥）、不舒服的後子宮（post-uterine）世界中——一些內在的、一些外在的因素——會使嬰兒整夜睡不安穩，他的沒有經驗的大腦需要一點時間去適應。即使一年以後，百分之五十的嬰兒還是需要大人晚上爬起來照顧。因為大部分的大人在爬起來照顧孩子後，需要半個小時以後才能再睡著，所以父母親可能只有得到一半的睡眠時間，這對他們的身體不好，當然對婚姻更不好。

睡眠不足的人很容易為一點小事發脾氣，他們控制強烈情緒的能力失去了百分之九十一，認知功能的下降也一樣驚人（這是為什麼長期愛打瞌睡的人，他工作的表現也不好）。愛睡時，解決問題的能力落到只有不愛睡時的百分之十，甚至運動能力都受損。你只要一個禮拜睡眠不足，這些現象就全跑出來了。情緒的陰晴不定最早出現，認知的改變其次，然後是身體的表現變差。

假如你本來就精力不夠，你的孩子又每分鐘叫你幾次（學前兒童每小時需要一百八十次的大人注意），你很快就用光了你對配偶的柔情蜜意，口氣就要兇起來了。單是睡眠不足這一件事，就可以預測新手父母之間敵意的增溫。

◆第二、社會孤立

這在看小兒科醫生時很少發生，但是它應該出現。一個好醫生在檢查完你的寶寶後，會看著你的眼睛，問你一個非常侵犯隱私的問題，「你有很多朋友嗎？你跟你先生有參與什麼社團嗎？這些社團對你有多重要？它們很多樣化嗎？你跟你先生有多少時間可以跟他們在一起？」醫生問你這些社交的問題不是他多管閒事，而是這跟寶寶很有關係。

社會孤立會導致父母的憂鬱症，憂鬱症會影響父母的健康，使他們容易生病和得心臟病。社會孤立是很多新手父母都感受到的問題，因為累到沒有時間交朋友，研究發現這是大多數婚姻在轉型為為人父母階段最大的抱怨。一個媽媽寫道：

我從來沒有覺得像現在這麼寂寞孤單。我的孩子是健忘的，而我先生忽略我。我整天做的就是家事、煮飯、帶小孩……，我已不再是一個人，我連一分鐘屬於我自己的時間都沒有，雖然忙成這樣，我卻覺得完全被孤立又孤單。

寂寞、痛苦和無所遁逃是百分之八十的新手父母都經驗到的感覺，在孩子出生以後，夫妻只有三分之一的時間可以獨處，有孩子的快樂被折磨耗光了，但是做父母的責任卻依然還在。為人父母是個責任，後來變成勞役，每天晚上的睡眠不足耗掉了家庭的能源，夫妻吵架的次數上升到把愛的水庫中的水耗光了。

這些能量的消耗使社會活動沒有了汽油。爸爸和媽媽連維持彼此的友誼都有困難了，更不要說其他的朋友。朋友不再上門了，父母沒有精力再去交新的朋友。除了自己的配偶以外，新手父母每天只有不到九十分鐘的時間跟其他大人接觸，高達百分之三十四的人整天幾乎都是孤立的。

難怪許多新手父母覺得他們被綁住、被套牢了。有一位在家照顧孩子的媽媽說：「有時候，我只想把我自己關在臥室中，跟我的好朋友聊一整天的話，而不是去照顧我的小孩。我很愛我的孩子，但是待在家中照顧他們做個全職媽媽不是像我想的那樣。」另外一個媽媽直接說出她的寂寞：「我常常一個人在汽車中哭泣。」

所以在這時候，有社團的支持是個很好的緩衝器，只是對新手父母來說，他們很難維持社團關係，女性尤其感受到被孤立，而這是有生理上的原因的。

在醫藥不發達時，生產常常導致母親的死亡，雖然沒有人知道真正的數字，但是估計八個產婦裡面有一個因難產而死。部落中的女性如果能夠很快地跟身邊的女性建立關係，並且相信她，就比較容易存活下來；中年的、有生產經驗的女性可以照顧新手媽媽。如果生母死了，有孩子的女性可以把她的母乳分一點給這個初生嬰兒吃，使他可以存活下來。所以分享和社會互動提供了早期婦女的生存機率，考古人類學家哈蒂（Sarah Hrdy，我沒有漏掉字母，她的姓氏拼音本來就沒有 a 在裡面）把這稱之為「共養」（alloparenting），我們是靈長類中唯一常常讓別人照顧我們孩子的物種。

有一個媽媽簡潔的說明了這個社會連結的需求：「有的時候，當我抱著手中可愛的寶寶，我們互相凝視時，我心中偷偷的希望她會趕快睡著，讓我可以去看我的電子郵件。」

為什麼女性會在乎左鄰右舍而男生不會？部分原因是分子生物學上的，女性在感到壓力時，會分泌激乳素（prolactin），又名催產素（oxytocin）。這是一種荷爾蒙，它會增加「照顧和做朋友」（tend and befriend）的行為。而男生不會，他們的男性荷爾蒙已經提供太多的「信號對雜訊」（signal-to-noise），把內在自己分泌的催產素效果給稀釋，變得遲鈍了。催產素這個荷爾蒙同時也是神經傳導物質（neurotransmitter，譯註：大腦中的生化物質，幫助電流越過兩個神經元相交處的小空隙——突觸，使電流可以順利激發下面一個神經元），兩性都有，它幫助我們產生信任、平靜、依附感（譯註：母鼠在哺乳時會分泌很多的催產素，形成母子的連結，母鼠每次去舔小鼠、替牠梳理時也會，若是用藥物阻斷催產素的分泌，母鼠會不理小鼠）。

社會關係是有演化上的根源的，你終其一生需要它。研究「照顧和交朋友」這個主題的心理治療師賈索生（Ruthellen Josselson）認為，人們常忽略了社會關係的重要性。她說：「每當我們太忙時，第一個犧牲的就是與其他女性的友誼，我們把它推到後面的角落去，因為眼前工作或家庭忙不過來。這是錯的，因為女性朋友是彼此最強有力的精神支柱，也是力量的來源。」

◆第三、勞役不均

第三顆憤怒的葡萄可以用下面新手媽媽美蘭妮痛苦的證詞來說明：

假如我先生再說一次他「工作了一整天」很累，需要休息的話，我會把他所有的衣服丟出門外，把他的汽車放空檔，讓它滑下山，把他所有收集的運動紀念品在網路上以一塊錢全部賣掉。然後我會殺了他。他是真的不了解，對，他工作了一整天，但是他工作的對象是會說英文、已經訓練好大小便、可以照顧自己的大人。

他不需要替他們換尿片，讓他們睡午覺，把牆上的食物清乾淨，他不需要數到十來使自己冷靜下來，他也不需要看卡通人物巴尼（Barney）三億零三百二十四萬三千二百四十三遍（譯註：這是美國所謂益智卡通中的人物，我完全不能忍受這個角色，也難怪這個媽媽看了這麼多次要瘋掉），他也不需要露出六次乳房去餵飢餓的寶寶，我更知道他的午餐不會是花生醬和草莓三明治的麵包皮（譯註：peanut butter和果醬是美國小孩最常吃的午餐，便宜又富有營養價值）。他每天上下午有兩次十五分鐘的「遛躂」時間，還有一小時可以去健身房，路上還有一小時的火車通勤時間可以看書或小憩。

所以或許我沒有薪水，或許我在家穿得很休閒，或許我忙到只有兩三天才能沖一次涼，或許我可以整天跟孩子們「玩」，不管怎麼看，我在家工作的一小時還是比他整天上班更累、更辛苦。所以拿你的臭錢，存入你的銀行，但是讓我一個月有一次去修腳趾甲，而不是聽到你說：「或許等你去找個工作，有你自己的錢的時候……」

哇！我只能說正中紅心。我要給你一個警告，下一段會更不舒服，假如你是男性的話。但是這可能是你在這本書中讀到最重要的一段。

跟睡眠不足和社會孤立一樣重要的，就是在轉型成為父母時，誰做家事。簡單的說，即使到了二十一世紀，很多觀念在改變，女性一樣在職場工作，但是家事和照顧孩子的責任大部分還是落在女性的肩膀上。就如社會工作者甘迺迪（Florynce Kennedy）所說的：「任何女人如果還對婚姻抱持五十／五十的看法，這只證明了一件事：她要不是不了解男性，就是不了解百分比。」

美蘭妮的抱怨清楚的讓我們知道，勞役不均會侵蝕婚姻的品質。也就是說，這個不滿所帶來的負面情緒毫無疑問會傷害孩子大腦的發育，我已警告過你，這一段不會是愉快的閱讀體驗。看看下面的統計數字：一個家庭主婦通常做所有家務事的百分之七十，包括洗碗、清掃、換尿布、修補漏水、通馬桶等等。有人把這數據看作好消息，因為三十年前，這個數字是百分之八十五。但是你不需要主修數學就會看到兩邊是不平等的，當嬰兒誕生後，家裡的事一下子增加了三倍以上，而負擔這增加部分的多半是女生。男生不幫忙做家事嚴重到很多女生認為，有個先生在家反而**增加**一個禮拜七個小時的工作量；但是太太如果在家這情形並不會發生，一個太太可以**節省**先生每週一小時的做家事時間。一個年輕的媽媽說：「有的時候，我會幻想離婚的好處，因為離了婚，我每隔一個週末都有空了。」（譯註：通常離婚後，父親是每隔一週來帶孩子去他那邊，因此母親就可以去做她自己的事，不必帶小孩。）

女性實際花在照顧孩子的時間，超過男性的兩倍：男女比是每天六十六分鐘比二十六分鐘。根據二〇一三年美國勞工部的統計報告，在有六歲以下孩子的家庭中，男性花在孩子身上的時間比一九八五年多上一倍，所以這已經算是好消息了，但是沒有人會因此說男女是平等的。

這個工作量的不平衡，加上家庭財務上的衝突，是最常見的婚姻衝突原因。這是女性對配偶最大的不滿處，尤其像美蘭妮的先生那樣，一直不停的提醒太太「我是賺錢養家的人」。錢在這裡的聲音很大，一個家庭主婦每週工作九十四・四個小時，假如她有薪水的話，她一年可賺十一萬七千美元（這是從美國家庭中，主婦所做的十種工作中計算出來的工資，包括管家、接送小孩的司機、托兒所的保母、心理諮商師及執行長），大部分的男生並沒有每週花九十四・四小時工作，而百分之九十九的先生年薪不到十一萬七千元。

這或許可以解釋為什麼在絕大多數的個案中，是女性先產生不滿、先開始敵意的互動。

這裡我要介紹一本小書，說不定對這個問題可以提出一些解決方法。這本書是我太太的朋友送她的，書名叫《女性的色情畫報》（*Porn for Women*），裡面都是穿得很少的健美先生型的肌肉男，赤裸著上身，牛仔褲穿得很低，露出很多胸毛，眼睛在跟你打招呼，他們全都在做家事。有一張圖片是身材健美如希臘雕像的男士，正在把碗碟放進洗碗機中，圖片下面寫著：「一等我洗完衣服，我就去買菜，我會把孩子一起帶去，讓你可以休息。」還有另一張圖，裡面的男士就是封面的那一位，在用吸塵器吸地。還有一個非常運動型的男生從報紙的運動版上，抬起頭來說：

「噢，你看，職業美式足球今天季後賽，我想我們一定可以在工藝品市集找到停車位。」

《女性的色情畫報》，對你的婚姻可能有用。

◆第四、沮喪憂鬱

轉型到為人父母的構成因素是什麼？我們前面已經勾畫出一個需要每分鐘反應三次，只能睡到你平常睡眠的一半，沒有時間交朋友，把誰去倒垃圾這種小事升格到離婚危機的經驗之談了，假如這些不能製造出「憤怒的葡萄」，我真不知道什麼可以。我們第四個主題是沮喪憂鬱，很幸運的是你們大部分都不會經驗到它，但是它嚴重到值得我來提醒你。

大約有一半的新手媽媽會經驗到短暫的悲傷，可能在生產完幾個小時或幾天就消失；這些憂傷的情緒是很正常的，但是大約有百分之十到二十的母親的悲傷會持續很久。她們感到深深的絕望、悲傷並覺得自己一文不值；雖然婚姻很正常，但是她們有幾個月或幾個星期感覺到這種痛苦、迷惘的心情，她們不停的哭泣或瞪著窗外，她們沒有食慾，不肯吃東西，或者是倒過來，大吃不停。這些媽媽變成臨床上的憂鬱症，這種情形叫做「產後憂鬱症」（postpartum depression）。雖然對為什麼會這樣以及對臨床診斷資料有很多的爭議，但是對如何治療卻沒有任何的爭議。

感受到超越她能力能應付的焦慮、情緒變化和悲哀的婦女需要治療。假如不治療，後果很嚴重，從生活品質的嚴重下降到殺嬰和自殺；如果不治療，產後憂鬱症也會減弱母親和孩子在最初幾個月應該形成的親子連結。嬰兒會開始模仿母親的憂鬱行為，這叫做「相互退縮」（reciprocal withdrawal）。這些孩子變得比較沒有安全感、社會壓抑（socially inhibited）、膽怯和被動——比一般沒有產後憂鬱症的母親所帶大的孩子高了兩倍以上。這個傷害在出生十四個月時就可以觀察到（譯註：最近大腦的實驗發現，母親有產後憂鬱症的寶寶，雖然才十二個月大，他們大腦的結構就已經改變了，醫生建議當發生這種情形時，孩子趕快抱去給別人帶，越早越好，以免影響孩子大腦的發育）。

但並不是只有母親才會產後憂鬱症，大約有十分之一到四分之一的新手爸爸也會有產後憂鬱症；假如他的太太也有產後憂鬱症，這數字就升高到百分之五十。把寶寶抱回家好像不是你想像中的那麼美好，是不是？

幸好，不全然如此。

◆也有好消息

在我演講大腦發育時，最常從父母口中聽見的一句話便是：「從來沒有人告訴我養小孩這麼辛苦。」我並不希望美化這個從快樂的夫妻到新手父母過程的困難，我只是提供一個新的觀點。

為什麼有經驗的父母不會把養育孩子的焦點放在辛苦上的一個理由是，「辛苦」並不是全部的故事，它甚至不是主要的部分。你可以跟孩子在一起的時間其實非常短，他們很快就會長大；

你的孩子終究會一覺到天亮，讓你晚上不必再起來。他會來找你尋求安慰，從你身上學習什麼是可以做的、什麼是不能做的。然後，他會離家去開創他的新生活。

你從這個經驗中得到的不是帶寶寶有多辛苦，而是你有多麼容易受到傷害，就像作家史東（Elizabeth Stone）說的：「決定要不要孩子只是一瞬間的事，但是這個決定使你的心永遠懸在身體之外。」有了孩子以後，你的心永遠牽掛著他，你變得很容易受到傷害了。

經驗老到的父母親走過無眠的夜晚，但是他們同時也經驗到孩子第一次騎腳踏車的快樂，第一個畢業典禮，抱第一個孫子的極度喜悅。他們知道生養孩子雖然辛苦，卻是值得的。

還有更多的好消息。

如何維護親密關係

知道這四顆憤怒的葡萄的夫妻如果能未雨綢繆，那麼在寶寶回家時，就不會被絆倒摔跤。當衝突發生時，後果通常比較輕微。

我可以證明這一點。我是五〇年代在一個軍人家庭中長大的，當爸爸要帶我們出去兜風時，母親就忙著準備兩個三歲不到孩子出門的東西：毛氈、尿布、奶瓶和乾淨的衣服。我爸爸從來不幫忙，而且假如我媽媽準備的時間久了一點，他就會很不耐煩，怒氣沖沖大步走出房子，用力關上汽車車門，把引擎踩得很大聲來表示他的不滿。他的強烈情緒大到足以引發心臟病。

我長大後只模糊的記得這個情景，但是我們結婚六個月左右時，我跟我太太要去參加一個研究生的迎新晚宴，我太太花了太長的時間打扮，我開始不耐煩。我怒氣沖沖的走出房子，坐進車裡，把鑰匙插入引擎，突然之間，我看到我自己在幹什麼。我記得我深吸一口氣，很驚訝父母可以影響孩子到這麼深遠，然後想起小說家波溫（James Baldwin）說的話：「孩子從來不太聽父母的話，但是他們從來沒有不去模仿父母。」我慢慢的把鑰匙從鑰匙孔中拔出，回到我的新娘子身旁道歉，我從此沒有再這樣過。很多年後，我要帶我的兩個小孩去旅行，我正把小的綁在嬰兒安全椅上時，突然他大便了。我哼著歌替他換尿布，可以感到車子鑰匙在我的口袋中，我不再用力發動引擎了，上次那個教訓的效果很長，改變是比你想像的容易維持。

這個故事沒有什麼了不起，我並不是往臉上貼金或自我吹噓，其實我要說的是什麼都沒變，只是這個特別的覺識使我不再重蹈父親的覆轍（譯註：作者的父母後來離婚）。但是這個覺識就是我要跟你們分享的，因為內在的改變才會有強有力的正向結果。研究者知道如何使這個轉變的歷程變得容易，我希望不只是告訴你如何做，而且證明給你看真的有效。只要你願意去做，寶寶並不是什麼使你的婚姻不可挽回的絕症。寫這本書時，我已結婚三十年，我的孩子現在都是青少年了，而這三十年是我一生最美好的時光。

你只看到你想要看到的

這則車鑰匙的故事其實就只是看的角度不同而已，我常形容為：「你只看到你想要看到的（What is obvious to you is obvious to you.）。」我父親看不到要帶孩子出門需要做些什麼事（即使看到了也不想幫忙），但是我母親很清楚的看到應該要做什麼事。他們在觀點上有「知覺的不對稱」（perceptual asymmetry），引起後來很嚴重的衝突。

一九七二年，社會學家瓊斯（Edward Jones）和尼斯比特（Richard Nisbett）認為這個知覺的不對稱是大多數衝突的核心，如果把中間的差異弄平，建座橋把兩人的看法連接起來，可以溝通的話，衝突就可以解決了。他們是對的，他們主要的觀察是：人們總是認為自己的行為是可改正的、受情境限制的，卻認為別人的行為都是天生的、不可改變的人格特質。一個經典的例子就是某人去面試時遲到了，這個人把遲到歸因到他無法控制的情境困素：堵在車陣中動彈不得；面試者則認為這個人不負責任，他不認為這是交通的問題，你應該早一點出門。

尼斯比特和他的同事花了幾十年的時光分類這些不對稱，他發現人都把自己和未來想得太好了，他們認為自己比別人更容易發財，有更好的工作前途，比較不會感染到傳染病（為什麼得知罹患癌症在情緒上會有這麼大的打擊，理由之一就是人們認為這種事只會在「別人」身上發生，不會降臨在自己身上）。人們高估了自己在跟別人短暫接觸時，可以學到多少東西。吵架時，人們相信自己絕對沒有偏見，**自己**是全然客觀的、有道理的，這樣看待自己的同時，就認為對方是無可救藥的偏執、一無所知而且太主觀。

這些不對稱源自認知神經科學所熟知的一個現象。所有人類行為大致可以分為背景（background）和前因（foreground）這兩個因素：背景部件包括我們演化的歷史、基因的組織、在子宮中的環境；前因部件包括當時荷爾蒙的濃度、過去的經驗、當下刺激行為出現的環境。我們可以提取這兩組部件，提供我們詳細的內在、動機和意圖的心理知識；正式名稱叫內省法（introspection），我們知道自己要做什麼，每一分鐘的意圖都知道。但是別人不知道我們的意圖，因為他們不會讀心術，不知道你心裡在想什麼，他們對你內在意圖和動機唯一的訊息就是你嘴裡講的話，和你的面孔表情和你的肢體語言；正式稱做「外察法」（extrospection）。

外察法所得到的訊息少得令人驚訝。我們自己知道現在這個外在的行為並不是我心裡要講的話或是我內在的感覺，但是別人不知道，這個差異就是我們常常對別人聽不懂我們的話或誤會我們而感到驚異，不懂為什麼這麼清楚的事會聽錯。就如波恩（Robert Burns）所寫道：「噢，願上帝賜給我們禮物／讓我們如同別人看我們一樣的看到自己。」

內省知識和外察知識的不一致是大多數人類衝突的原因。我們在問路者和指引者的行為上或是交戰兩國想要訂定和平契約時，最可以直接觀察到這現象。它是溝通失敗的核心問題，包括婚姻上的衝突。

你會贏得同理心競賽嗎？

假如不對稱性是大多數爭吵的核心，那麼比較對稱就應該較少敵意。我們很難相信一個四歲的小男孩會在同理心（empathy）的競賽中把這點說得這麼漂亮、這麼正確，但是他做到了。已過世的作家巴士卡利（Leo Buscaglia）有一次去當評審委員，選拔最有愛心的孩子，贏得這個獎的孩子說了一個有關他隔壁鄰居老先生的故事。老人家結婚幾十年的太太剛剛過世，這個四歲的小男孩在他家後院聽到老人的哭聲，決定去調查一下是怎麼回事。他爬上老人的膝蓋，坐在那裡不動，聽老人家悲泣。很奇怪的是，孩子的這個行為安慰了老人家。當他媽媽稍後問兒子他對老人家說了什麼時，孩子回答：「什麼都沒有，我只是幫他哭。」

這個故事有好多層意義，但是它的重點是可以提取出來的，這是一個對不對稱關係的反應。老人家很難過，小孩子沒有，然而這孩子卻願意進入老人的情緒空間，去**感同身受**，展現他的同理心，改變了這個關係的平衡。選擇去同理——在孩子心中它只是一個選擇——的力量足以改變發展中的神經系統，因為嬰兒的父母每天都在做。

定義同理心

我以前認為像同理心這種滑不溜丟的軟題目不可能有神經科學上的證據，基本上，它像算命熱線一樣沒有科學證據。假如十年前人家告訴我，同理心會像巴金森症（Parkinson's disease）一樣，有實驗可以看得見，我一定不相信。現在我不會嘲笑它了，越來越多的實驗證據清楚的以三個重要部件來界定了同理心。

●**情境的偵察**。首先，一個人必須偵察到別人情緒的改變，在行為科學上，「情境」（affect）指的是一個情緒或心情外在的表現，通常跟一個念頭或行動連結在一起。自閉症的孩子通常不會達到這一步，因此他們很少做出有同理心的行為來。

●**想像的轉移**。一個人一旦偵察到別人情緒的改變，他就會把這個觀察所得轉移到他自己的心靈內部，他會像試穿衣服一樣，試著去感受別人的感覺，然後觀察自己在這個情況下會怎樣反應。對修過戲劇學的讀者來說，這就是史坦尼斯拉夫斯基（Stanislavski）的「方法演技」（Method Acting）。對馬上要有寶寶的讀者來說，你只是剛剛開始學習如何跟他們吵一場公平的架，更不要說是你的配偶了。

●**有疆界形式**。能夠有同理心的人知道情緒是發生在別人身上，不是在觀察者身上，同理心的力道很強，但是它仍是有疆界的。

◆兩個簡單的步驟使同理心變成反射

能夠感同身受的夫妻婚姻會美滿，這個同理心可以預測婚姻是否成功。行為主義者高特曼（

John Gottman）預測一對夫妻會不會離婚的正確率高達百分之九十，根據他的研究，假如太太覺得先生有聽到她講話，接受她的建議改變他的行為，那麼這個婚姻可以維持得下去（有趣的是，先生覺得他講的話太太有沒有聽到不是離婚的要素）。假如缺乏同理心這個掮客，婚姻不持久。

研究發現百分之七十的婚姻衝突是無解的，差異一直存在。只要夫妻兩人學習如何跟這個差異共同生活，這不見得是壞消息，但是這差異一定要是可控制的，即使問題沒有解決，只要這差異雙方有共識，不成脫韁野馬，都還不成問題。同理心之所以有效的一個原因是：它並不要求解決，它只要求了解。認識到這一點非常重要，只要有百分之三十的空間，同理心都可以幫助夫妻處理衝突；但是完全沒有時，這婚姻也就垮了，這是為什麼它的預測力這麼高。高特曼和其他的研究者發現撫養孩子也有同樣的效果，他說：「同理心不但重要，更是有效教養的基石。」

你該怎麼做才會使你的婚姻成為高特曼報告中的成功個案？你需要縮短或消除我剛剛說的同理心差距。你心中的感覺和你估計你配偶的感覺之間的不平衡必須消除。如何做呢？你必須創造出一個同理心反射反應（empathy reflex）——你對情緒情境的第一個反應。研究者對同理心反射的界定非常簡單，而且令人意想不到的有效，它有點像剛剛那個小男孩爬到老人家的腿上一樣。當你第一次碰到某人的「熱」感覺時，做下面兩件事：

1. 描述你認為你看到的情緒改變。

2. 猜猜看這個情緒改變從何而來。

然後你可以做你過去習慣的壞反應，不過我得給你一個警告，假如同理心反射已經變成你處理婚姻衝突的一個主動方式，你很難繼續惡劣表現下去。下面是一個真實的例子：

一個媽媽允許她十五歲的女兒在週六晚上出去約會，但是一定要在午夜十二點前回家。有一天，這女孩沒有遵守約定，玩到半夜兩點才回家，女孩偷偷爬進房子，看到客廳的燈還亮著，母親生氣的坐在椅子上等她。這女孩當然是嚇壞了，她看起來同時也心事重重。母親看出來她今晚過得並不愉快，這情境本來會是一場母女大戰，兩人都很熟悉大吵一架的後果，但是母親從朋友處聽到了這個同理心反射反應，決定試它一試。

所以她用簡單的情境描述開場：「你看起來很害怕。」女孩停住了腳，點點頭。「妳不只害怕，」母親繼續說：「妳還很生氣，非常生氣。事實上，妳看起來像被羞辱了。」女孩又停了下來，這不是她預期的。母親現在移到第二步：猜測原因。

「你今晚過得很不愉快，是不是？」女兒的眼睛睜大了，的確是個很不愉快的夜晚，眼淚突然湧了上來。母親猜到可能發生了什麼事，聲音柔和下來了，「你跟男朋友吵架了，是不是？」女兒大聲哭出來說：「他跟我分手了，我必須找別人送我回家，這是為什麼我回來得這麼晚。」女兒倒在媽媽懷裡放聲大哭，事實上，兩人都哭了。這天晚上沒有情緒爆炸的鏡頭，在同理心反射反應的臂彎中，很難會有火爆鏡頭，不論是在教養上或是婚姻上。

母親還是處罰了女兒，因為規矩就是規矩，她被罰禁足一週。但是母女的關係改變了，現在女兒也開始模仿同理心反射反應。第二個禮拜時，女兒看到媽媽手忙腳亂趕著燒晚飯，因為下班遲了，在上了整天的班後，母親的面孔很臭，女兒沒有像過去一樣問今晚吃什麼？她說：「媽，你看起來很不高興，是不是已經很晚，你很累了，不想煮晚飯？」

母親簡直不敢相信自己的耳朵。

預防勝於治療

夫妻如果有同理心，婚姻基礎牢固，而且準備好要迎接小寶寶，可以避開這四顆憤怒的葡萄而進入為人父母期。這種準備替孩子大腦健康的發育創造了最好的家庭環境。

這些父母不見得能送他們的孩子上哈佛，但是他們也不會讓孩子邁入監護權的爭奪戰。他們享有最高的機率教養出一個健康、快樂、聰明、有品德的孩子。

重點提示
Key Point

大腦守則

婚姻關係

- 在進入為人父母期時，有百分之八十的夫妻經歷到婚姻品質的急劇下降。
- 父母間的敵意會傷害到新生兒大腦神經系統的發育。
- 婚姻起波瀾四個最常見的原因：睡眠不足、社會孤立、勞役不均和沮喪憂鬱。提醒伴侶應未雨綢繆，對抗這些緩衝器
- 定期練習同理心反射反應：當你對情緒情境產生第一個反應時，描述你認為你看到的情緒改變，並猜猜看這個情緒改變從何而來。

第三章 ｜ 聰明寶寶：種子

大腦守則

有安全感才能學習

老羅斯福總統（Theodore Roosevelt）小時候一點都看不出來他長大會成為偉人，他年幼時身體不好，很緊張、很膽怯，又有氣喘，所以晚上只能坐著睡，不然會呼吸不過來。他因為身體差到不能上正規的小學，父母只好自己在家中教他。因為他的心臟很不好，所以醫生建議他找個坐辦公桌的工作，避免身體太勞累。

幸好，羅斯福的心智健全，沒有聽從醫生或他自己身體的話。羅斯福有著像照相機一樣的記憶、無盡的天才和無窮的成就慾望，他在九歲時就寫了第一篇科學論文〈昆蟲史〉（The Natural History of Insects），十六歲進入哈佛，以極優秀成績畢業，是斐陶斐（Phi Beta Kappa）的會員（譯註：這個兄弟會的成員必須成績極優才會獲邀加入）。他二十三歲競選州議員，二十四歲出版第一本學術書，主題是有關一八一二年戰爭的歷史，他變成有名的歷史學家，最後成為能幹的政治家。他同時也是動物學家、哲學家、地理學家、軍事家和外交家。羅斯福在四十二歲成為總司令，是美國歷史上最年輕的總司令，他是美國至今唯一拿過國會勳章的總統，也是第一個拿到諾貝爾和平獎的美國人。

是什麼條件使羅斯福這麼聰明，尤其他小時候落後別人那麼多？顯然這位美國第二十六任總統的基因是很好的，大自然控制百分之五十的智慧，環境決定其餘的百分之五十。這表示，不論你的孩子多努力，他的大腦可以做到的還是有上限；第二，這只是一半的故事，你孩子的智力受到他成長環境的影響，尤其是你這個做父母的對他的態度。我們會詳細討論這個種子和土壤的關係，本章先討論孩子智慧的生物基礎，下一章則討論你怎麼做，可以把他的智慧發展到最高點。

聰明的腦看起來像什麼

假如你可以偷看一下你寶寶的大腦，你有任何線索可以知道他將來有多聰明嗎？智慧在大腦的結構中看起來是什麼樣子？要回答這個問題，一個很簡單的方式就是去看聰明人的大腦，看看他們的和我們一般人的有什麼不同。科學家檢查了好幾個名人的大腦，從德國數學家高斯（Carl Gauss）到蘇維埃領導人列寧（Vladimir Lenin），他們也研究了愛因斯坦（Albert Einstein）的大腦，得到了驚奇的結果。

只是一般的天才

愛因斯坦一九五五年於美國的新澤西州過世，解剖他的哈維（Thomas Stoltz Harvey）醫生可謂歷史上佔有欲最強的病理學家。他仔細的解剖了愛因斯坦的大腦，從各個角度照相，然後把大腦切成很多小塊，然後他有麻煩了：哈維顯然沒有得到愛因斯坦或他家人的允許就把大腦切成碎塊了。普林斯頓醫院的行政人員要求哈維把愛因斯坦的大腦交出來，哈維拒絕，丟下他的工作，帶著愛因斯坦的腦逃到堪薩斯州，躲了二十年沒有被人發現。哈維三不五時會寄一小塊愛因斯坦的大腦給研究者，吊吊他們的胃口，最後哈維決定把愛因斯坦的大腦（或是說，剩下的部分）還給普林斯頓醫院病理系的系主任，現在這些大腦組織可以做更系統化的研究，讓科學家找出是愛因斯坦為什麼這麼天才的線索。

結果他們發現了什麼？最令人驚訝的是愛因斯坦的腦完全沒有令人驚訝的地方。他的腦跟一般人差不多，有著標準化的內在建構，有些結構跟我們有點不一樣：視覺和空間處理及數學處理區有大一點，但不過百分之十五而已，他也少了一些可以幫助大腦靈活處理的區域，他的膠質細胞比一般人多（膠質細胞的功能是撐起大腦的結構，幫助訊息的處理）。總而言之，這些發現都不能帶給我們什麼有用的訊息，真是不幸。大部分人的腦結構多少都有一些不一樣，有些人這個區域比別人少，另外一些區域又比別人多，因為這種個別差異，所以現在無法說某個地方大就代表聰明。愛因斯坦很聰明，但是他的腦無法告訴我們他為什麼那麼聰明。

那麼，我們可以從活人的腦尋找蹤跡嗎？現在你不必等人死了做切片才能看到結構和功能上的關係，你可以用非侵入性的腦造影方式看到大腦在做某件事時裡面的情形。至於我們可以用觀察某個器官在做某個作業時的情形來知道他有多聰明嗎？答案是不行，或至少說，以目前的情況還不可以。當你在檢視活跳跳的天才解難題時，你沒有看到相同性，反而看到個別差異。解決問題和感覺處理在任何兩個腦上都是不相同的。這導出很多矛盾、相牴觸的發現：有些研究顯示「聰明」的人大腦比較有效率，能用比較少的資源解決困難的問題，但也有研究者發現全然相反的情形；有些人的灰質比較厚，有些人的白質比較厚。科學家找到十四個跟人類的聰明才智有關的不同區域，散在大腦各處，這些區域是在一個叫做頂—前葉綜合理論（Parietal-Frontal Integration Theory, P-FIT）所說的範圍中。當人們在思考時，研究者去看他們的 P-FIT 區，再一次受挫：不同的人用這範圍中不同區域的組合去解決問題。這個組合的方式或許解釋了我們所看到各種各樣的能力。

我們對孩子的聰明才智知道的就更少了。對還在包尿布的小兒做非侵入性的腦造影實驗非常的困難，例如做功能性核磁共振時頭是不能移動的，你怎麼使一個六個月大的嬰兒乖乖躺在儀器中不動呢？即使有辦法，我們目前對大腦的了解還是不能成功的預測你的孩子以後聰不聰明。

尋找「聰明基因」

那麼，在ＤＮＡ的層次上可以看到嗎？有研究者找到「聰明基因」嗎？有許多人在找。有一個基因叫 COMT（catechol-O-methyl transferase），看起來跟有些人的短期記憶分數高有相關，但並不是全部。另外一個基因 cathepsin D 也跟高智商有關，還有各種跟多巴胺（dopamine）受體有關的基因（多巴胺跟愉悅情緒有關）也有關係。這些發現最大的問題在於它們不能被重複驗證，即使能夠被成功的驗證，也不過提高ＩＱ三到四分而已。到現在為止，科學家尚未分離出智慧的基因。因為智慧是個很複雜的東西，我懷疑它有專司的基因。

有了！嬰兒IQ測驗

假如細胞和基因不能幫上忙，那麼行為呢？在這裡，研究者鑿到金礦了。現在有一系列的嬰兒IQ測驗可以預測他長大後的IQ，有個測驗是讓還不會說話的嬰兒去摸一件藏在盒子中、他看不見的東西，然後讓他從一堆玩具中挑出剛剛摸過的玩具，如果他能（這叫跨感官移轉〔cross-modal transfer〕，從觸覺轉換到視覺）做到，那麼他在之後的IQ測驗上得分較高。在另一個測驗中，嬰兒坐在一塊棋盤的前面，凝視這些方塊格子的時間越長，IQ越高。這是測量「視覺辨識記憶」（visual recognition memory），在兩個月到八個月的嬰兒身上，它可以正確的預測這孩子長到十八歲時的IQ。（譯註：通常這種實驗是母親抱著嬰兒坐在兩個大螢幕前面，左右螢幕的圖案可以不同，實驗者在螢幕後面觀察嬰兒的眼睛看哪一個螢幕，同時可以放一支奶嘴在嬰兒口中，測量他吸吮的速度與力量。如果嬰兒分得出這些刺激的差異，他的吸吮率會不同：嬰兒對新的刺激會好奇，吸得較快、較重，也會凝視新奇刺激所在的螢幕。實驗者躲在螢幕後面是為了不看見螢幕的刺激，單純就嬰兒眼睛的左右移動來記錄，這樣可以去除「實驗者偏見」〔experimenter bias〕，即你希望嬰兒看你要他看的刺激時，即使他不在看，你也會以為他在看，你會把輕微的動作解釋為有意義的動作。）

這是什麼意思呢？其一就是當這些孩子要上學時，他們在IQ測驗上表現得會比較好。

ＩＱ測驗

很多人很注重ＩＱ，如貴族型私人幼稚園和小學，他們通常要求孩子做ＩＱ測驗，如魏氏智力測驗第四版（WISC-IV, Wechsler Intelligence Scale for Children）。有些學校只收九十七百分位數以上的孩子（譯註：智力測驗是個鐘型曲線，中間是大部分人的落點，兩端各有很聰明或很不聰明的孩子，九十七百分位數表示他是落在曲線右端百分之三的地方，是極高分數者），而且父母要花五百美元為六歲或更小年紀的孩子做進入幼稚園的入學測驗！

下面是兩種ＩＱ測驗最典型的問題。

1. 下面五種東西裡面，哪一種跟其他四種最不像：牛、老虎、蛇、熊、狗？

你說蛇嗎？恭喜你，答對了（其他動物都有腳，蛇沒有；其他動物都是哺乳類，蛇不是）。

2. 一千加四十，再加一千，再加三十，再加一千，再加二十，再加一千，再加十元，請問總數是多少？

你說五千嗎？如果是，有很多人跟你一樣，研究者發現有百分之九十八的人得到這個答案，但這是錯的，正確答案是四千一百。

ＩＱ測驗中很多像這樣的題目，假如你做對了，就表示你聰明嗎？或許，但也可能不是。有些研究者認為ＩＱ測驗測量的是你有多會考ＩＱ測驗而已，事實是，研究者對ＩＱ測驗**測量什麼**根本沒有共識。對評量嬰兒的腦力而言，根本沒有「一數字全適用」（one-number-fits-all，譯註：最早女性彈性絲襪上市時，打的廣告是「一尺碼全適用」〔one-size-fits-all〕，因為它有彈性，後來演變成通用的一個代名詞）這回事。有了關於ＩＱ測驗考題的一些基本知識後，你自己就可以決定你對ＩＱ測驗的態度了。

ＩＱ測驗的誕生

許多聰明人都研究過智慧的定義，通常都是為了找出他自己有多聰明。第一個人是高頓（Francis Galton），他是達爾文的表弟，留著當時很流行的鬍子（叫pork-chop sideburn，從耳朵旁邊一直包下來到腮邊那種鬍子），頭卻是禿的。高頓爵士是個嚴肅、聰明卻有點瘋狂的人，他出身自有名的清教徒貴格教派（Quakers）家庭，他們家族的事業是製造武器、槍枝。他六歲就已經讀過莎士比亞，並會引用裡面的句子，很小就會說希臘文和拉丁文。他對每樣東西都有興趣，長大後對心理學、氣象學、攝影、甚至犯罪學都有貢獻。他非常熱中於用科學的方式來分析指紋，用指紋來辨識犯人。在研究這些領域的過程中，他發明了統計的標準差（standard deviation）和線性迴歸（linear regression）概念，他把這些觀念用在研究人類的行為上。

他對人類智慧很有興趣，尤其是遺傳性。高頓是第一個了解智慧有遺傳上的特質、同時也受到環境影響的人。「先天對後天」（nature versus nurture）這個名詞就是他發明的。因為這些卓見，他可以說是激發科學家找出人類智慧可以被定義之根源的人。但是當科學家開始有系統的研究智慧時，他們卻發展出一種很奇怪的執著：用一個數字去定義人類智慧。他們用測驗方式得出這個數字——這個測驗至今還在用——第一個這種測驗就是我們常常說的ＩＱ測驗（intelligence quotient）。

ＩＱ測驗最早是一群法國心理學家所設計出來的，其中一個叫比奈（Alfred Binet），他很天真的想要用這個測驗找出在學校中跟不上進度的孩子。這個測驗包含三十種作業，從摸觸你的鼻子到根據記憶畫出一樣東西來。這些測驗的設計，其實沒有什麼真實世界的實證支持（譯註：即這個作業做得好，代表了日常生活中哪一項能力比較突出），比奈一直提醒大家不要過度解釋這個數字（譯註：ＩＱ一百二十分跟一百一十九分的差異在哪裡），他知道智慧是很有彈性、可以改變的，他的測驗有很大的犯錯空間。但是德國心理學家史騰（William Stern）開始用這些測驗測量孩子的智慧，把分數用ＩＱ這個名詞量化。ＩＱ分數是孩子的心智年齡除以他的實際年齡再乘以一百，所以，一個十歲的孩子如果能解出一個十五歲孩子才能解出的難題，那麼他的智商是一百五十（即 15÷10×100）。這個測驗在歐洲變得非常流行，然後渡過大西洋來到了美國。

一九一六年，美國史丹佛大學的心理學教授特曼（Lewis Terman）修改了這個測驗，刪除一些問題，添加一些新的，但是仍然沒有實證證據說明這些新添加的問題與智慧相關的理由是什麼。這個新的版本叫作史丹佛—比奈測驗（Stanford-Binet test），後來得分比率變成一個鐘型曲線，平均值為一百。

第二個測驗是在一九二三年，由英國陸軍軍官、後來成為心理學家的史皮爾曼（Charles Spearman）所發展出來的，他測量「一般的認知」（general cognition）能力，現在被簡稱為「g」。史皮爾曼觀察到那些在某個測驗中分數在平均值以上的人，在別的測驗中表現也比較好，這個測驗測量的是在一大群相關的認知作業中的表現。

關於這些測驗分數究竟是什麼意思、應該怎麼用的戰爭已經打了幾十年，這是件好事情，因為智慧的測量其實比許多人以為的更有彈性和可塑性。

得到和失去一磅的ＩＱ

我還記得第一次在螢幕上看到女演員克絲汀・艾莉（Kirstie Alley），她在《星艦迷航記》（*Star Trek*）電影中扮演一個聰明、性感的角色。她以前是啦啦隊員，主演過許多電視影集，還以連續劇《歡樂酒店》（*Cheers*）中的女主角得過兩次艾美獎。但是她最廣受討論的是她的體重問題，二〇〇五年時她曾經胖到九十公斤，

> 對評量嬰兒的腦力而言，根本沒有「一數字全適用」這回事。

因為她的飲食習慣不佳。她後來去代言一個減肥計畫，也演過一個過胖的女明星想在好萊塢找工作的電視節目，最後甩去了三十四公斤。從那以後，她的體重一直是上上下下在波動。

這個不穩定的數字跟我們在討論的智慧有什麼關係？ＩＱ就像艾莉的衣服尺寸，是可以變動的。已有實驗證實ＩＱ在人的一生中是會改變，而不是一成不變的；緊張、生活在不同的文化中或年紀大了，都會影響人ＩＱ的分數。孩子的ＩＱ受到他家庭的影響，在同一個家庭中長大會增加他ＩＱ分數，窮人ＩＱ分數比富人低，假如你的年收入在某個標準之下，經濟的因素會對你的孩子有很大的影響。一個在貧窮家庭出生、卻被中產階級家庭收養的孩子，會比他留在原生家庭中的手足ＩＱ分數高出十二至十八分。

有許多人不願相信ＩＱ是可以變動的，他們認為ＩＱ就像生日一樣，是不可變的。媒體通常把智慧寫成永久不變的東西，而我們自己的經驗似乎也認為是如此。有些人天生就比較聰明，像老羅斯福，而有些人就是怎麼教都不會——這個假設過度簡化了智慧，智慧其實不是這麼簡單，我們測量它的方式也不是這麼簡單。

人越來越聰明⁉

我們的ＩＱ似乎是隨著時代而增加，從一九四七年到二〇〇二年，美國小孩的ＩＱ分數提升了十八分。紐西蘭的心理學家佛林（James Flynn）發現了這個現象（所以現在這個有爭議性的發現被稱為「佛林效應」）。佛林把美國人ＩＱ的平均值訂為一百，從二〇〇九年倒回去算，發現在一九〇〇年時，美國人ＩＱ的平均值只等於現在的五十到七十之間，這是唐氏症（Down syndrome）孩子的分數，我們把這種孩子稱之為「輕度智障」（mild mental retardation）。但是在二十世紀初大部分的美國人是沒有唐氏症的。因此這就有些不對勁了，那麼是人不對勁？還是測量的方式不對勁呢？顯然，ＩＱ是永久性的觀念需要修正了。

我當然相信智慧的概念，我也認為ＩＱ和 g 有測量到智慧的某些層面。我的很多同事也是這麼想，他們在一九九七年為一份研究期刊《智慧》（*Intelligence*）的社論背書，該社論宣稱：「ＩＱ跟許多重要的教育、職業、經濟和社會的成果有很強的相關，這相關可能比其他任何單一可測量到的人類特質更強。」我同意。我只是希望我能知道這些被測量的究竟是什麼東西。

很聰明究竟是什麼意思？

這些ＩＱ測驗的變異性真是很令人挫敗。父母親想知道他們的寶寶有多聰明，他們要他們的寶寶聰明，從我們對二十一世紀知識經濟的了解，這種希望是有道理的。但是當你深入去了解這個主題時，你會發現，很多父母親真正要的是學業成績，因為功課好是未來前途的保障。那麼，「聰明」和「學業成績」有相關嗎？有，但兩者是不同的東西，之間的關係沒有像別人想像的那麼強。

單一數字——甚至單一數字之間的相關——並沒有足夠的彈性來描述人類智慧的複雜度。哈佛心理學家迦納（Howard Gardner）在一九九三年發表了他的多元智慧理論，他說：「現在已經有很強的證據指出心智是多面向的，是有多重部件的工具，沒有辦法用單一紙筆測驗的方式捕捉它。」你要喊救命了吧？智慧是那種「我不知道它是什麼，但是我看到我就認得」的東西嗎？不是，但是要釐清這個問題，我們必須放棄這個「一數字全適用」的觀念。

人類的智慧比較像燉牛肉中的各種作料，而不是一張紙上的數字。

母親的燉牛肉：智慧的七種作料

在寒冷的冬天聞到母親燉牛肉的香味從廚房中傳出來，是我對安「胃」食物（comfort-food）最好的記憶。裹了麵粉去炸的牛肉滋滋聲，切碎洋蔥的清甜又刺激的味道，看到滾刀塊的紅蘿蔔在鍋中翻滾的景象……我母親的燉牛肉是冬天溫暖的擁抱，只不過是從碗中呈現的。

她曾經教我如何煮燉牛肉，這不是件容易的事，因為她每次煮的方式都不同。她解釋說：「這是因為你要看是誰來吃晚餐，或是家中正好有什麼材料。」按照她的說法，有兩個重要的材料是不可或缺的，其餘可以隨機應變：第一個是牛肉的品質，另一個是湯汁的品質。這兩個搞定之後，其餘放什麼都沒關係。

就像母親的燉牛肉一樣，人類的智慧也有兩種重要的材料，兩個都很基本而且都跟我們演化上生存的需求有關。一個是記錄訊息的能力，有時叫做「結晶智慧」（crystallized intelligence），它動用到大腦中很多記憶的系統，它們集合起來形成一個豐富有結構的資料庫。

第二個材料是能夠把那個資訊適應到特殊情境的能力，這是即興而作的能力；當然，這能力有一部分會用到前面談的記憶和把某些部件組合起來的能力。這個推理和解決問題的能力被稱為「流動智慧」（fluid Intelligence）。從演化的觀點看，這種組合記憶和即興演出的能力造就了我們兩種在生存上有利的行為：我們可以很快從錯誤中學習；以及我們能很快將所學的特殊情境的知識，運用到東非草原上一直不斷改變的適者生存的兇猛世界中。

從演化的眼光來看，智慧就是比別人做得更好的能力而已。

雖然記憶和這個流動智慧是主要的材料，但它們不是全部，就像我母親的燉牛肉一樣，每個家庭有他自己的不同組合方式來燉這一鍋牛肉。一個兒子可能有比較差的記憶力，但是數學非常好；一個女兒可能語言能力非常好，但是簡單的除法都不會。我們怎麼能說某一個孩子不如另一個孩子聰明呢？

還有五種材料我認為是很重要的：**探索的慾望、自我控制、創造力、語言溝通和詮釋非語言的溝通**。

這些特質絕大部分不在傳統ＩＱ測驗之內，這裡面許多是有基因上的關係的；許多在新生嬰兒身上就可以看到，雖然它們的根源在我們演化的歷史中，但它們不是獨立存在於外界的。後天的栽培——就算是老羅斯福——在孩子是否能充分發展智慧也扮演很重要的角色。

◆第一、探索的慾望

下面是我最喜歡的例子，它讓你看到嬰兒有多喜歡探索。我有一次參加一個九個月大寶寶的受洗禮，儀式進展得很順利，寶寶安靜的躺在爸爸的臂彎裡，準備輪到他時被灑上聖水。當父母面對牧師時，這寶寶卻一把抓住麥克風，他很快地想把麥克風從牧師的手上奪下來，伸出舌頭去舐麥克風圓圓的頭。他可能認為麥克風是支冰淇淋，決定去試一試他的假設是否正確。

這當然是一個新教徒非常不該有的行為，牧師於是把麥克風移到寶寶手摸不到的地方，但他立刻了解自己錯了：你怎能不讓一個科學家去測試他的假設呢？寶寶放聲大哭，從他爸爸懷抱中要掙脫出來，去抓那支麥克風，在此同時，舌頭伸出來舔空氣。他在探索，你們不知道嗎？他當然不喜歡在追求知識的過程中被打斷，尤其假如這個東西是甜的。

我不知道父母作何感想，但是我非常高興看到孩子有這麼強的研究興趣。父母在沒有麥克風以前，應該早就知道孩子是天生的科學家了，但是一直到二十世紀下半期，我們才分離出他們這個棒極了的探索行為的部件。

有幾千個實驗證明，寶寶可以從一序列的自我改正的想法中學習理解他們的環境。他們從感官的觀察中，預測他們看到的是什麼，設計一個實驗去測試他的預測，然後評估這個測試，把這個知識加入自己創造的、逐漸增加的資料庫中。他們用的方式當然是積極進取的、非常有彈性而且堅持要做的。他們用流動智慧來提取訊息，然後把它結晶化成記憶。沒有人教嬰兒怎麼做，他們自己就會做，而且全世界的嬰兒皆如此，這表示它應該有很強的演化根源才令全世界的嬰兒都是不用教自己就會。他們是天生的**科學家**，世界就是他們的實驗室，包括教堂中的那支麥克風。

（譯註：信誼基金會出版過一本《搖籃裡的科學家》〔*The Scientist in the Crib*〕，是 Gopnik Alison 和華盛頓大學心理系的夫妻檔 Andrew Multzoff 和 Patricia Kuhl 三人合寫的，這本書講的就是嬰兒如何形成假設，驗證它、接受或拒絕實驗結果的歷程，是一本很值得看的書。）

創新者的DNA

探索的行為──願意去實驗、對尋常的事情問特殊的問題──是我們在工作場所很看重的能力，好的點子才會賺錢，這個特質在今天跟在東非大草原時一樣，都對生存非常有價值。

是什麼樣的特質區分出有創意、有遠見、能創造出成功致富的點子的人，跟一般比較沒有想像力、只能去執行他們點子的人？有兩位商業研究者在尋找這個簡單問題的答案，他們做了一個為期六年、對三千位高創意主管的訪問調查研究，從化學家到軟體工程師都包括在內。二〇〇九年，他們發表了這份研究，得到《哈佛商業評論》（*Harvard Business Review*）的獎項。

有遠見的人有五個共同的特質，研究者把它叫做「創新者的DNA」（Innovator's DNA）。下面是五個特質中的前三個：

●**有創造性的聯想力**。把看起來不相干的觀念、問題或難題連接在一起的能力。

●**一直問「假如」的討厭習慣**。有遠見的人一直問「假如」（what if）、「為什麼不」（why not）和「為什麼你這樣做」（how come you're doing it this way），他們會去測試上限在哪裡，去戳、去摸、去碰，衝上四萬呎高空去看看在那麼高時是什麼感覺，合不合理、需不需要真的爬那麼高，再筆直掉回地球上給你建議。

●**永不滿足的修補、做實驗的渴望**。這些創業家有一個點子時，會先把它拆開，找到上限、下限，上窮碧落下黃泉，去徵求所有人的意見，你的、我的、任何人的，他們的任務就是去探索發現。

這些特質的最大公約數是什麼？就是願意去探索；最大的敵人是什麼？就是這些探索者身處的不鼓勵探索的系統。這個計畫的主持人之一葛利格遜（Hal Gregersen）在《哈佛商業評論》中說：「你可以把我們注意到的這些能力用兩個字表達出來：好問（inquisitiveness）。我花了二十年的時光研究這些領袖，而好問就是他們的最大公約數。」他接著下去講兒童：「假如你觀察一個四歲的孩子，他們是一直不停的在問問題；但是到六歲半時，他們不再問了，因為他們很快學會，老師在乎的是標準答案；高中生幾乎不再問問題。到他們出社會、在企業裡做事時，所有的好奇心都已被驅逐殆盡，百分之八十的主管花在尋找新想法上的時間少於百分之二十。」

這真是令人心碎的消息，我們為什麼把學校和工作場所設計成這樣?我真的想不透。不過做為父母，你可以鼓勵孩子去發展他探索的本性，就從了解好問如何對你孩子的智慧有貢獻開始。

◆第二、自我控制

一個健康、適應良好的學前兒童，坐在一張桌子前面，桌上有兩塊剛烤出來的巧克力餅乾，但是這不是廚房的桌子，而是米契爾（Walter Mischel）史丹佛大學的實驗室，時間是一九六〇年代的後期，餅乾的香味簡直教人受不了。「你看到這些餅乾了嗎？」米契爾問：「假如你現在要吃的話，你可以吃一塊，但是假如你可以等一下，你可以吃兩塊。我現在必須離開，五分鐘以後回來，假如我回來時你還沒有吃的話，你就可以有**兩塊**餅乾；假如你在我離開的時候吃了一塊，那你就沒有第二塊了。你了解我的意思了嗎？」孩子點點頭，研究者就離開了。

孩子會怎麼做，米契爾拍下最可愛、最好笑的孩子反應的影片。他們在椅子上扭來扭去，有的把頭轉開不去看餅乾（或是任何實驗室裡甜點）；有的把手坐在屁股底下，使手不會去拿；有的閉上一隻眼睛，然後兩隻眼睛都閉上，又偷偷睜開來看一下餅乾還在不在。他們想盡方法要控制自己的慾望，使自己可以多吃一塊餅乾。假如這孩子在讀幼稚園，百分之七十二會伸手去拿餅乾；假如他們已經四年級了，只有百分之四十九會受誘惑；到六年級時，百分之六十二可以抗拒香味，將近學前兒童比例的一倍。

歡迎來到衝動控制的有趣世界，這是「執行功能」（executive function）這個行為的一個部件。所謂執行功能包括計畫、預見、解決問題及設定目標，它用到大腦很多的部位，如工作記憶（working memory，一種短期的記憶形態）。米契爾和他的同事發現，孩子的執行功能是智慧的一個關鍵部件。

我們現在發現這個執行功能對學業成功的預測力**遠優於**ＩＱ。還不只是一點點的差異：米契爾發現可以延宕滿足（delay gratification）到十五分鐘的孩子的ＳＡＴ（美國的大學入學考試）分數，比只能忍受一分鐘的孩子高出二百一十分。

為什麼？因為執行功能跟孩子能否過濾掉不相干的想法很有關係（在這裡是餅乾的誘惑），而我們的環境中充滿了感官刺激及各種選擇。你無疑的已經注意到這花花世界的各種誘惑對你孩子的影響，一旦大腦選定了有意義的刺激，執行功能就能幫助大腦鎖定目標，拋開那些不相干的雜音。

在神經生物學的層次，自我控制來自大腦一個部位，叫做腹內側前額葉皮質（ventromedial prefrontal cortex），位於額頭後面，跟價值觀有關。大腦另一個叫背側前額葉皮質（dorsolateral prefrontal cortex）的區域一直送出電流到腹內側前額葉皮質去，孩子越有機會練習延宕滿足，背側前額葉送出的電流擊中目標越準，越能控制他的外在行為。研究者最早發現這塊區域，是在使節食者先看一張胡蘿蔔的圖片、然後換成巧克力棒的圖片時，受試者的大腦放出強烈的「我不管，只要有糖就不准吃」的電波訊號。

孩子的大腦可以經由訓練加強他的自我控制，以及其他的執行功能，這跟基因也有關係。為什麼六年級的表現比幼稚園的好，就跟大腦的發展有關係。有的孩子這個行為展現得比較早，有些比較晚，有些人一生都沒能完全掌控自制力，這是每個人的大腦先天設定都不同的一個例證。不過，資料顯示，那些可以把不相干的干擾訊息過濾掉的孩子，在學校的表現會比較好。

◆第三、創造力

我母親最喜歡的藝術家是林布蘭（Rembrandt van Rijin），她對林布蘭運用光和空間的手法著迷，這種手法毫不費力的把她帶入了十七世紀的世界。她比較不喜歡二十世紀的藝術。我記得她批評杜象（Marcel Duchamp）的《噴泉》（*Fountain*），說那不過是一個小便斗，怎麼可以跟她鍾愛的林布蘭作品擺在一起、相提並論！小便斗是藝術品?而她**討厭**它?對當時十一歲的我來說，那就是藝術的瓦爾哈拉（

> 執行功能對學業成功的預測力遠優於IQ。

Valhalla，譯註：北歐神話中，死在戰場的勇士的靈魂會被帶到被殺者的殿堂〔Hall of Slain〕瓦爾哈拉去）。

我的母親把她自己對藝術的好惡收起來，帶領著她兒子去探索，滿足他的好奇心。有一天她帶了兩幅牛皮紙包著的畫回家，把孩子叫來，跟他說：「想想看，你要把一個三度空間的東西在二度空間表達出來，你會怎麼做？」我拚命想，想找出個對的答案，或是說任何答案，但是都沒成功。我母親說：「或許你會用這個方法！」她撕開包裹的牛皮紙，露出畢卡索的傑作《三位樂師》（*Three Musicians*）和《小提琴與吉他》（*Violin and Guitar*），我一眼就愛上了。我並不是說林布蘭不好，但是這幅《三位樂師》對我來說像是打開了一扇窗，讓我窺視到富創意的心智是如何運作的。

為什麼我沒有想到這樣做？一個人如何去辨識創造力？這是個很難回答的問題。它與文化主觀和個人經驗息息相關，就像我跟我母親在喜好上的差異一樣。但是研究者的確認為創造力有一些共同的核心，包括從舊的東西中看出新關係的能力，把目前尚不存在的點子或事物或**任何東西**串連起來的能力（例如，在2D的世界中描述3D的情境）。創造力必須能激發情緒，不論是正向的還是負向的。在創作的歷程中，一定要有成果出現才叫創造。創造通常有一些冒險，它需要相當的勇氣去把音樂家畫成他們好像爆炸了，它需要更多的勇氣去把小便斗放在一九一七年紐約大展中，並把它叫做藝術。

人類的創造力動用到許多認知功能的部件，包括事件記憶（episodic memory）及自傳式記憶系統（autobiographical memory system）。就像一部數位錄放影機在錄一齣連續劇，這些系統讓大腦去追蹤發生在你身上的事，使你在時間和空間上知道自己做過什麼事。你可以回憶出去買菜，買了些什麼菜，更不要說記得推車撞到你後腳跟的那回事。這些都是事件記憶的功能，這個系統跟你用來計算今天買東西的營業稅，或甚至記得營業稅是什麼的系統是分開的、不同的，但是，這還不是事件記憶系統的全部。

科學家安卓森（Nancy Andreasen）發現，這部數位錄放影機在富創意的人開始把一些不相干東西連結起來時，便加入工作了。這部數位錄放影機的所在地叫「連結皮質」（association cortex），在人類大腦佔據很大的區域。事實上它也是任何靈長類大腦中最大的一塊區域，像一張蜘蛛網，從前腦一直伸展到頂葉和顳葉。

第二個發現是創造力和冒險是連結在一起的。這裡所謂的冒險不是那種你在念大學時，因為跟人家打賭而吃下兩個十六吋的披薩的愚蠢冒險，那種不正常的冒險——常跟吸毒、躁鬱症有關——並不會使你比較有創造力。這是研究者稱之為「功能性衝動」（functional impulsivity）的冒險。目前已知有兩個不同的神經處理歷程在作用，一是負責低風險，或「冷」（cold）的決策行為，另一個是負責高風險，或「熱」（hot）的決策行為。冷的決策比如一個孩子跟朋友上他最喜歡的館子；熱的決策比如在朋友的鼓勵下，點一道辣得像原子反應爐心融化了的開胃菜。

孩子每天都在幹瘋狂的事，我們怎麼區分功能性衝動與不正常的冒險？很不幸地，沒有一個測驗可以區分有「成果」的孩子和「愚蠢」的孩子（大人也是一樣）。

有關冒險的研究顯示這有性別上的差異。例如，男生比較不小心，這差異在出生的第二年就開始顯現，越往後越顯著：從出生到青春期，男生意外的死亡率比女生高了百分之七十三，他們也比較常犯規。不過最近幾十年來，性別的差異開始縮小，或許是因為預期改變的關係。在這議題上，要把先天和後天區分開來是非常困難的。

不管哪種性別，有創造力的人都有功能性衝動的本能，他們在測量冒險性的測驗上分數都很高。當他們在做創意思考時，大腦的眼眶皮質（orbitofrontal cortex）和內側前額葉皮質（medial prefrontal cortex）區會大大的活化起來。他們也比較有能力去處理模稜兩可的情境的事物，相較於此經理型的人就不會有這種大腦活力出現。

你可以預測哪些是有創意的孩子嗎？心理學家拓弄思（Paul Torrance）設計了一個九十分鐘的測驗，叫拓弄思創意思考測驗（Torrance Tests of Creative Thinking）。這個測驗中有許多很有意思的難題，比如他們給孩子看一張填充玩具兔子的圖片，給孩子三分鐘，讓他把這張圖中的兔子變得更好玩，或是給孩子看幾個字，叫他編出一個故事來。拓弄思在一九五八年給好幾百個小朋友做這些測驗，然後追蹤他們到長大成年，看他們有沒有申請專利，有沒有出版書籍、發表論文、拿到獎金或是創業。這個研究到現在仍在進行，這些孩子叫做「拓弄思的孩子」（Torrance's

Kids）。拓弄思在二〇〇三年過世了，現在是他的同事在追蹤這些孩子。

做為一個研究工具，這個測驗被正式評估過好幾次，雖然它也招致某些批評，但是令人驚訝的是，這個測驗對孩子後來的創意成果有很高的預測力。對孩子未來創意成果的預測，它的相關度比一般ＩＱ測驗高出三倍以上。這個測驗被翻譯成五十種文字，有幾百萬個孩子做過，目前是評估孩子創造力的標準測驗。

◆第四、語言溝通

我的為人父母經驗中，最值得回憶的是我的小兒子諾亞說第一個多音節字的時候。諾亞的頭六個月是我們家的開心果，他是陽光男孩，他的笑容和笑聲會融化你的心。他對海裡的動物有特別的執著，這一點，我怪罪於《國家地理雜誌》（*National Geographic*）和電影《海底總動員》（*Finding Nemo*）。我們把海洋動物圖片貼在他房間的天花板上，包括一隻巨大的紅色太平洋章魚（octopus），他只要換尿布，躺下來就會看到天花板上的圖片。在這頭六個月中，他沒有說出任何字來，但是他已經準備好了。

有一天早上，我正忙著換他的尿布時，諾亞突然停止笑容，眼睛直瞪著天花板，然後，很慢很慢的把頭轉過來看著我的眼睛，手指著天花板，清楚的說：「Oct-o-pus」。然後他大聲笑起來，又指著天花板更大聲的說：「OCT-O-PUS」。我幾乎要心臟病發了，「是的，」我喊道

：「OCTOPUS！」他回答說：「Octo, Octo, Octopus。」又高興的笑了，我們兩個一起複誦著 octopus, octopus 像念經一樣。我忘了那天早上我還做了些什麼事，我好像打電話去辦公室請假，說我生病。我們跳著舞，讚頌所有八隻腳的動物，從那天以後，其他的字源源不斷冒出來（我也常常打電話進辦公室請病假）。

你不可能辯說語文能力在人類的智慧上不重要，ＩＱ測驗中有一半就是語文能力測驗。做父母最大的快樂之一就是看著他的寶寶一天天更能掌握人類獨特的語言能力。諾亞的大腦發生了什麼事，使這麼多東西在他躺在尿布檯上時，統統來到一塊兒，使他說出了話來？或是說，在任何孩子的大腦裡，發生了什麼事，使語言像旭日東升一樣，突然就出現了？我們不知道，有許多理論企圖解釋我們怎麼習得語言，有名的語言學家喬姆斯基（Noam Chomsky）認為我們天生就有學習語言的軟體設定在大腦中，叫做「普遍語法」（universal grammar）。

一旦語言的探索啟動了，它發展得很快。在一年半之內，大部分的孩子可以說五十個字，了解一百個以上字的意義；到三歲時，數量已經爆增到一千個字；在他六歲生日之前，他已會說六千個字了——從出生起，他等於是一天要學三個字。這個計畫要過許多年才完成。一個母語是英文的人大約要會說五萬個英文字，才能說他掌控了這個語言，這還不包括成語或某些固定的表達方式，如「打出全壘打」（hitting a home run）、「一桶金」（pots of gold，譯註：特指彩虹另一端你所希冀追求的幸福）。語言是很複雜的東西，除了詞彙，孩子還得學這個語言的發音——

音素（phoneme），及這些字的社會意義——情感上的目的（affective intent）。

嬰兒很早就知道語言的這些特性了。剛出生時，嬰兒可以分辨世界上所有的語音，華盛頓大學學習與大腦科學研究院（Institute for Learning and Brain Science）的主任庫爾（Patricia Kuhl）教授是發現這個現象的人，她把這個年紀的嬰兒叫做「世界的公民」（citizens of the world）。喬姆斯基這樣說：「我們不是生來只會說某一特定語言的，我們是生來會說**任何**語言的。」

外語

但這並不是永遠。到寶寶一歲生日時，他不再能區辨地球上每一種語言和語音，他只能區辨他在過去六個月裡所聽到的語音了。一個日本嬰兒如果在生命的第二個六個月中，沒有聽到 rake 和 lake 的話，她到一歲時，就分辨不出這兩個音了。當然，每件事都有例外，成人經過訓練還是可以區辨出其他語言的語音，但是一般來說，大腦機會窗口是有限的，而且關得很早。認知的門扉大約在六個月就開始闔起，除非有東西把它推開，不然就關上了。到十二個月大時，你寶寶的大腦已經對未來影響她一生的東西做出決定了。

那麼，是什麼東西的力量才夠強，可以阻擋大腦中窗口的關閉呢？假設你讓寶寶在關鍵期之內，暴露在某一個外國語言的環境，聽一卷錄音帶中的人說那種語言，他的大腦窗口就會持續開放，讓他對這個語言的語音敏感嗎？答案是並不會。那麼透過數位影音光碟，看到某一個人在說外國語呢？還是不會。只有一件事可以使語言學習的門一直開著：這些外國字必須在社交的情境中，透過一個真正的人跟這孩子互動、說這種語言才行。假如孩子的大腦偵察到這個社會互動，他的神經元就會開始記錄第二種語言、它的語音以及全部有關這種語言的東西。要做這些認知作業，大腦需要帶有豐富資訊、有來有往的刺激，而這個刺激必須是另外一個人（而且是真人）給的才有效。

這些資料中有一個引人注意的念頭，而這個想法是有實證支持的，在不同的發展科學（developmental science）中都可以看到。**人類在最原始情境的學習其實就是一個關係的運作**，智慧不是在冷的、沒有生命的機器坩堝爐中鍛鍊出來的，而是從溫暖有愛的手臂中發展出來的。你可以用**人際關係**來改變孩子的大腦設定。

你聽到笑聲了嗎？那是我兒子諾亞，正在展現給他的老爸看：教孩子說話是為人父母者多麼重要的工作。

◆第五、解讀非語言的溝通

語言是人類獨有的特質，藏在各種溝通的行為中，而許多溝通形式是其他動物也會運用的。但是我們並不是每次都在講同樣的事情，就像「狗班長」西薩・米蘭（Cesar Millan）所指出的。

智慧不是在機器坩堝爐中鍛鍊出來的，而是從溫暖有愛的手臂中發展出來的。

假如你看過國家地理頻道的《報告狗班長》（*Dog Whisperer*）節目，你就知道米蘭之所以可以成為世界冠軍級的馴狗師，他的秘密在於當他跟狗互動時，他能像狗一樣的思考，而不是像人一樣。米蘭告訴《男性健康》（*Men's Health*）雜誌：「很多人看到不認識的狗時會想要走過去摸牠、跟牠說話，」當然，這是一般人見到不認識的人時的做法，但是米蘭說：「以狗的語言來說，這是很有侵略性的表現，令狗很困惑。」所以，當你初看到一隻新狗時，你要忽略牠，就像對待疏遠、已經不再來往的舊情人，不要跟牠有眼睛接觸；讓狗過來聞你、檢視你。一旦狗顯現出牠不認為你是個威脅——例如牠會退後或在你腳邊磨蹭——這時你就可以跟牠說話、摸牠、和牠有視線的接觸。當狗攻擊人時，牠很可能只是在執行先祖留下來的本能反射式行為反應，對人臉做反應。

面對面的溝通在動物界有很多不同的意義，大部分不是很好。在哺乳類演化的歷史上，臉是最能得出社會訊息的部分。但是我們人類用臉——包括眼神的接觸——來表達很多意思，人類有著地球上最精密的非語言訊息系統，打從一生下來，我們就會用身體配上笑容或皺眉，不停的把社會訊息送出去。肢體語言是外察訊息（還記得這個名詞嗎？）中最閃亮的一顆珠寶，它使我們的意思又快又準確的傳遞出去。

雖然我們對肢體語言還不很了解（有的時候，人們把腿翹起來坐，交叉或不交叉腿並沒有什麼特別的意思，他只是累了而已），研究的確發現一些重要的訊息，有些跟為人父母有關。有兩個研究做的是身體語言及手勢跟語言互動的關係。

學習手語可能會提升認知百分之五十

在我們演化的歷史上，手勢和口語是用到相同的神經迴路。芝加哥大學的心理語言學家麥克尼爾（David McNeill）是第一個提出這種說法的人，他認為語言和非語言的技巧可能還是保有它們原來緊密的關係，雖然現在好像分屬不同的行為範疇。他是對的，研究發現大腦受傷導致肢體不能動的病人，同時也失去了口語溝通的能力。嬰兒的研究也發現同樣的連結，我們現在知道，嬰兒的語言能力一直要到他的手指小肌肉控制能力增進後，才會有所增進。這是一個非常重要的發現，「手勢是進入大腦思考歷程的窗口。」麥克尼爾說。

學習手勢會增進其他的認知技巧嗎？有一個研究暗示可以，不過這方面還需更多的研究才能定論。這個研究是教正常的一年級學童學習美國手語（American Sign Language，譯註：雖然美國人和英國人都說英文，但是美國的手語和英國的手語不同）九個月，再給他們做一序列的認知測驗。結果發現，他們的注意力、空間能力、記憶力和視覺辨識能力都有顯著的進步，最高有進步到百分之五十——相較於沒有學手語的孩子。

嬰兒需要面對面的時間

有個很重要的手勢是臉部表情，嬰兒很喜歡看人的臉，尤其是母親的。在跟猴子的臉、羊駝的臉、貓臉和狗臉相比較時，嬰兒還是喜歡人臉，即使這是一張陌生人的臉。他們在你的臉上找尋什麼呢？情緒的訊息。你快樂嗎？悲傷嗎？受到威脅嗎？

我們每個人都花了很多時間研究面孔，從一個人非語言的溝通可以確認他所講的話，或甚至他是不是言不由衷，在騙人。我們的人際關係就決定於我們解讀別人意思的能力，所以人們本能的會去讀別人的臉。你在剛出生的嬰兒身上就會看到這個現象，雖然這個技術的發展需要時間，在出生後的五到七個月就可以發展得很好了。有的人天生比別人做得好，有的人會讀錯別人的意思，研究者把這叫做「奧塞羅的錯誤」（Othello's Error）。

在莎士比亞的悲劇《奧塞羅》中，摩爾人奧塞羅認為他的妻子出軌背叛了他，他在盛怒之下在臥室中與她對質，她當然嚇得要死。看到她驚慌的臉色，他解釋成罪惡感，這就是他所需要的不忠的證據了。在他把她嘴巴捂住之前，他說出了下面這段有名的愛恨之詞：

> 啊，讓她腐爛，死掉，被詛咒，今夜；
> 因為她不該活著，不，我的心轉為
> 石頭，我打它，它傷了我的手，噢，這個
> 世界沒有一個更甜美的人兒；她可以躺在
> 皇帝的身旁，命令他服從。

有足夠能力解讀一個人的面孔，需要很多年的經驗；像奧塞羅一樣，成人有時也會犯錯，唯一改進的方式就是跟別人互動。這正是為什麼嬰兒在早期時需要大人花時間跟他一起，他不要電腦時間，也不要電視時間，你的寶寶需要跟你互動、跟一個真人在一致性的基礎上互動。

不然的話，就只好送去給心理學家艾克曼（Paul Ekman）訓練了。

臉上有什麼？

艾克曼是加州大學舊金山醫學院的榮譽教授，他很少錯解別人的表情。他曾經分析過一萬個以上人臉上的表情，把各組表情組合分類，創造了一份叫臉部動作編碼系統（Facial Action Coding System, FACS）的清單。這項研究工具使一個受過訓練的觀察者可以把一個表情切片，依照產生這個表情的肌肉來分類。

利用這項工具，艾克曼對於人類臉部辨認有了好幾項驚人的發現。第一，全世界的人用同樣的臉部肌肉，表達同樣的情緒，這些有普世一致性的表情為快樂、悲哀、驚訝、厭惡、憤怒和恐懼（這發現公布時，讓很多人大感震驚，因為當時的研究是把臉部表情按文化習慣來分類的）。第二，我們能有意識的控制的臉部表情其實很少，也就是說，我們很難擺出毫無表情的撲克臉，因此送出去很多免費的訊息；例如，我們眼睛旁邊的肌肉就不是我們意識所能控制的，或許這是為什麼我們比較相信眼睛（譯註：中國人也說眼睛最不能說謊，孔子說觀其眸子，人焉廋哉，在犯罪學上，說謊時，人的瞳孔會放大）。

艾克曼有一卷研究錄影帶顯示一個精神科醫生和他的病人珍之間互動的情形。珍有很嚴重的憂鬱症，嚴重到必須住院而且受到二十四小時預防自殺的監控。當她的病情開始顯現進步時，她懇求醫生讓她回家過個週末，攝影機直接對著珍的臉，所以可以很清楚的看到當醫生同意她請假時，她臉上的表情。艾克曼把這一段用慢動作播出來，突然之間，有很深的絕望弧劃過珍的臉，她沒有辦法控制這個表情，她其實是想利用出院回家時自殺。幸好她在離開醫院之前承認了。艾克曼用這卷錄影帶訓練警察及心理衛生工作人員，他把影片停下來，問學生有沒有人看到這個絕望的表情，大約五分之一秒長；一旦他們知道要看什麼，他們就看到了。

這種一閃即逝的表情叫做微表情（micro-expressions）。臉上的表情通常只有幾分之一秒，但是它顯露出來的是我們對一個問題最真實的感覺。艾克曼發現，這個微表情有人可以偵察到而且解釋得比別人好。人常說謊，能夠偵察到這些微表情的人在找出說謊者方面非常厲害（電視影集《謊言終結者》〔*Lie to Me*〕就是根據這個前提編寫的）。艾克曼發現他可以訓練人們解讀微表情，增進他們找到非語言線索的能力。

臉盲症

我們怎麼知道讀臉的能力有多重要？有一部分是大腦裡有很多地方在處理臉，包括一個重要的部位叫梭狀迴（fusiform gyrus），它唯一的功能就是處理臉。在大腦裡，有這樣一塊區域專門處理臉是很昂貴的，除非有很好的理由，不然大腦不會給出這麼大的區塊。

我們之所以知道大腦有專門處理臉的地方，是因為當病人這裡受傷時，他就失去了辨識人臉的能力。這個病症叫「臉孔失辨認症」（prosopagnosia），又叫臉盲症（face-blindness）。臉盲症孩子的父母必須提供孩子其他的線索，如「記得喔，德魯就是穿橘色T恤的那個，麥迪生穿的是紅色的洋裝」，不然他們會搞不清跟他在玩的孩子誰是誰。這些孩子的眼睛都沒有問題，問題出在他的大腦。

團體遊戲者

在非洲草原上，能夠正確的解讀手勢和臉上的表情非常重要，因為社會協調和合作是非常重要的生存技術，不論你是在共同狩獵或是跟你的鄰居相處，都非常重要。團體工作需要社會協調和一些別的東西才能成形，大部分的研究者認為人因為有這個團隊合作的能力，才能讓我們撐竿跳似的超越我們衰弱身體的柔弱無能。

為什麼對面孔的正確解釋可以幫助團體合作？在高危險的情境下，能夠合作是需要對對方的意圖和動機有很充分的了解，而且要每一刻都能掌握他心智的情況。預先知道這個人等一下要做什麼，就使你對他的行為做出正確的預測（你只要問一下美式足球的四分衛就曉得了）。解讀別人臉上情緒的訊息是最快洞悉別人意圖的方法之一，有這種能力的人當然在非洲草原上運作得比較好。今天我們稱不能閱讀別人臉上表情的人叫「自閉症」（autism），對這些孩子來說，團隊合作是一件很困難的事情。

創新者是非語言的專家

你能從孩子解讀別人臉上表情和肢體語言的能力，預測他在二十一世紀職場的成功嗎？研究成功企業人士的實驗者認為可以。我們已經探索了創新DNA研究中五個特質中的三個了，最後兩個有很強的社會源起。

- **他們在某個特定的工作網絡上很傑出**。成功的創業家常被聰明的人所吸引，這些人的教育背景往往跟他們自己的非常不同，這使他們可以很快的學到本來沒有辦法學到的知識。從社交的觀點來說，這個行為的急轉（pirouette）不是很容易做到的，那麼他們怎麼一直能做到呢？他們就是用下面這個最後的共同特質所產生的卓見做到的。
- **他們仔細觀察別人行為的細節**。成功的創業家在解釋別人外在情緒線索——肢體語言和臉部表情——是天生的專家，能夠一致的、正確的解釋這些非語言的訊號，所以他們能從跟自己來源很不同的學術資源中抽取訊息。

問精神來與這技術搭配。

不在IQ測驗上

從探索、自我控制、創造力到語言和非語言的能力，我們很清楚的看到智慧的燉牛肉有許多材料，標準的IQ測驗無法檢測這些元素，雖然它在你孩子未來的成功上也扮演了重要的角色。因為這些元素的獨特性，標準的IQ測驗無法涵蓋這個結果應該不會太讓人驚訝。有些研究則令人出乎意料，會挑戰你過去的想法（你孩子將來成為成功的創業家跟他解讀**面孔**有關？）。所以假如你的小孩在某個測驗的落點不在九十七百分位數的地方，不需要感到沮喪，他可能有很多其他能力是IQ測驗測不出來的。

這並不是說每一個人都是未來的愛因斯坦。天賦常常是不平均的灑在孩子身上的，大部分的天賦有基因上的關係。你的自閉症孩子可能永遠不會有牧師的熱情，不管你多努力的教他。

但是你知道智慧並不是只有種子（先天上的因素），現在我們該把手弄髒，找出使我們孩子聰明的土壤角色了。

重點提示
Key Point

大腦守則

聰明寶寶：種子

- 孩子的智慧有一部分是你使不上力的，基因上的成分大約佔到百分之五十。
- IQ跟好幾個童年重要的表現成果相關，但是IQ只是測量智慧的方式之一而已。
- 智慧有很多成分，包括探索的慾望、自我控制、創造力和溝通能力。

第四章　聰明寶寶：土壤

大腦守則

看你的臉，不是看螢幕

老羅斯福總統（泰迪）小時候身體非常不好，他的父母只好在家中自己教他，這可能是他一生最棒的一件事，他的病使他每天跟父親在一起。他的好爸爸大概沒有任何其他美國總統可與之相比，假如有病童爸爸名人堂的話，老羅斯福總統的爸爸一定是創始成員。泰迪在日記中寫道，他記得爸爸把他抱起來，在走廊上來回走上幾個小時，確定他可以呼吸。天氣好的時候，他們一起去戶外探險；如果天氣不好，就留在圖書室內。泰迪的身體慢慢的好起來，在每個節骨眼上，爸爸都會鼓勵泰迪再試一下，然後再試一下，最後再試一下。幾十年後，泰迪在日記中寫下：

他不但無微不至的照顧我，……他最了不起的地方是他拒絕溺愛我，使我覺得我必須強迫自己和其他男孩子一樣，準備好迎接外面世界給你的挑戰。

老羅斯福總統的爸爸並不知道，就認知神經科學的觀點，他做的正是培養這個著名兒子最正確的好方法。泰迪天生就很聰明，也生在一個富裕之家，這兩個因素並不是每一對父母親都能給他的孩子的；但是泰迪同時生在一個溫暖有愛、關注他的父母懷抱中，這兩件事則是**每一對**父母都可以給孩子的。的確，你可以採取很多作為，不管你孩子的基因如何，你可以幫助孩子動員他的智慧，像羅斯福、愛因斯坦或今天最成功的創新者那樣全部發揮出來。你該怎麼培養一個聰明的寶寶？

因為我們用土壤做比喻，所以就用肥料來解釋。你放進去的跟你沒放進去的一樣重要。有四樣東西你要納入你的行為配方中，當孩子長大一點時，再調整配方：餵母乳、跟你的寶寶說話、引導他遊戲、稱讚努力而不要誇獎成就。大腦科學家告訴我們也有好幾種毒藥：強迫孩子去做他大腦還沒有發育到可以做這個工作的作業，強迫他到被稱為「習得的無助」（learned helplessness）的心理學狀態，兩歲以下看電視，還有某些行銷人員在推銷的不相干的作業。我們會發現，寶寶需要的是智慧的自由度和嚴明紀律之間的平衡點。

大腦的日常工作不是學習

首先，我要改正一個觀念，很多立意良善的父母親以為他們孩子的大腦對學習有興趣，這是不對的。大腦對學習沒有興趣，大腦有興趣的是生存，孩子所擁有的每一種能力都是因為要避免絕種。學習之所以存在是為了生存這個主要的目的，我們智慧的工具很碰巧在教室中也可以用，使我們有能力去創造表格和說法文。但是這不是大腦的工作，它是深層力量所得出的副產品，這個深層的力量就是如何再多活一天。我們並不是為了要學習而活，我們學習是因為我們要活。

這個遠大的目標預測了很多事情，下面是最重要的：假如你想要有一個教養和教育都很好的孩子，你必須替他打造一個安全的環境。當大腦安全的需要被滿足後，它才會使神經元去兼差做數學功課；假如安全的需求沒有被滿足，數學就從窗口飛掉了。羅斯福的爸爸是先抱著他，使他感到安全，這個未來的總統才有心思去研究地理。

如雷射光般聚焦在安全感上

大腦集中注意力在安全感上的一個簡單例子，就是當遭受攻擊時，被攻擊者常常有失憶症或混淆記憶，他們無法講出歹徒的五官長什麼樣子，但是可以很清楚的描繪出武器的細節，這叫做「武器聚焦」（weapon focus）。「它是『星期六晚特製』（Saturday Night special，譯註：美國俚語，意指很便宜、可輕易弄到的手槍），是用左手拿的，木製的槍柄。」一位目擊者這樣描述。為什麼會記得槍的樣子而不記得歹徒的面孔呢？畢竟手槍的描述對警察沒有太大的幫助，而歹徒的面孔是一定有幫助的。這答案就顯露了大腦中安全感的優先性，武器是最大的威脅，大腦聚焦在武器上，因為大腦就是為了生存才建構的。大腦在這種敵意狀態下學習（壓力可以馬上使心智聚焦），懂得馬上對威脅的來源聚焦。

有一位現在在航空學校教航空學的前戰鬥機飛行員，在教學中發現這是怎麼一回事了。他有個學生，在課堂上表現都非常優秀，但是一飛上天空就不行。有一次在飛行訓練時，這位學生誤解了一個儀表的數字，他急了，便大聲對學生吼，以為這會使學生專注，想不到學生哭了起來，雖然她想繼續讀儀表，但是她不能聚焦了，她把飛機停下來，課結束了。這是怎麼一回事？從大腦的觀點，一點都沒有錯，學生的注意力集中在威脅的來源，這是幾百萬年演化留下來的，老師的憤怒無法把學生的注意力引到她要學的儀器上，因為儀器並不是威脅的來源，老師才是危險的中心。這就是武器聚焦，只是把「星期六晚特製」換成「飛行教官」而已。

同樣的，假如你在教養一個孩子而不是學生，你千萬不可使自己成為武器聚焦，大腦永遠不會擺脫他對生存的優先選擇與執著。

大腦的四種助燃劑

接下來我們可以來談肥料了，從你的發展土壤中，要給孩子的四種材料開始。

◆第一、餵母乳一年

我記得與一個剛成為母親的老友會面，她抱著寶寶進入餐廳後，堅持要包廂，不願坐在大廳中，五分鐘後，我了解了：這位母親知道一旦寶寶聞到食物的味道，他會肚子餓，他要吃奶時，她必須解開襯衫的扣子，調整她的胸罩，讓孩子吃奶。孩子是要吃時非吃不可，他才不管在什麼場合，所以這位母親必須找個可以哺乳的隱密地方。「我曾因哺乳被趕出去很多次。」她說。雖然她穿了件特大號的毛衣，服務生來點菜時，她還是很緊張。

假如美國人知道母乳對他孩子大腦的好處，他們就不會這樣反對哺乳了。雖然這個題目吵了很久，但是在科學界，它是沒有什麼好爭論的。母乳在發展嬰兒的營養上等於是「魔彈」（magic bullet），它有著重要的鹽和更重要的維他命；它對免疫友善的特性防止了耳朵、呼吸器官和腸胃的發炎。全世界的研究都發現母乳使寶寶更聰明，喝母乳的孩子比喝牛奶的在認知測驗上高了八分，這個效益一直到斷奶後十年都還可以看到。

母乳為什麼會有這個功效？我們不很確定，不過母乳中有嬰兒大腦發育所需要的東西，是我們做不出來的。其中一項是牛磺酸（taurine），它是一種胺基酸，又叫胺基乙磺酸，對神經元的發育很重要；母乳中同時還有亞米加三脂肪酸，我們在第一章中已經講過它對嬰兒認知發展的功效了（在第67頁「吃正正好的食物」那一節）。美國兒科醫學會（American Academy of Pediatrics）建議所有的母親餵母乳至少餵到寶寶六個月，直到孩子可以吃固體的食物，大約是一年後再斷奶。假如我們國家想要聰明的國民，最好在每個公共場所都設置一間哺乳室或育嬰室。你可以在門上掛一面牌子：「請安靜，大腦發育正在進行中。」

◆第二、對寶寶說話——盡量說

有很長一段時間，我們不知道我九個月大的兒子在講什麼。我們帶他去兜風時，他會開始一直說「dah」，在我們把他綁在嬰兒安全座椅上時，一直不停的說 dah dah dah, goo, dah dah, big-dah, big-dah，它常聽起來像幼兒版的警察歌。我們不知道他在講什麼，所以只能很心虛的重複他的話「dah?」他會很確定的回答你「dah!」。有的時候，我們的回答讓他快樂，有的時候，他沒有反應。我們一直不知道他在講什麼，直到有一天我們在州際公路上開車，因為天氣很好，所以我們把車子的天窗打開。

約書亞看到一架飛機從我們頭上飛過去，興奮的大叫「Sky-dah! Sky-dah!」我太太突然了解了，「我想他指的是飛機！」她說。她指著天空問他說：「Sky-dah?」約書亞很高興的回答：「Sky-dah!」就在這個時候，一輛大卡車開過我們旁邊，約書亞指著它說：「Big-dah, Big-dah.」我太太指著卡車，但是已變成遠方的小卡車了，「Big-dah?」她問，他很興奮的回答：「Big dah.」然後「dah, dah, dah.」我們懂了。不知道是什麼原因，「dah」變成約書亞的車子、飛機等運輸工具的名詞。不久，約書亞和我看到一艘輪船航行過西雅圖旁的普吉灣（Puget Sound），我指著輪船，試著問他：「Water-dah?」他坐起來，眼睛看著我，好像我是從火星上來的，「Wet-dah.」（濕的 dah）他喊道，好像一個不耐煩的教授在跟他智障的學生講話。

跟孩子的互動經驗很少有像學習他們的語言這麼有趣。當他們在學我們的語言時，餵滿滿一湯匙的字到他們心裡，是父母親能為他們的大腦做的最健康的一件事。盡量跟你的孩子講話，這是在所有的幼兒發展文獻中，最牢固、最沒有爭議的一項發現。

字和聰明之間的這個關係，是透過一個相當「侵入性」的研究發現的。在這個研究中，研究者每個月到受試的家庭一次，持續三年，忠實的記錄下父母跟孩子講的每一句話，他們測量詞彙的長短、多樣性和詞彙成長率、語言互動的頻率，以及這些語句中情緒的成分。在每次拜訪結束前，實驗者給孩子做ＩＱ測驗；他們拜訪了四十多戶人家，追蹤多年。這是一個很辛苦的實驗，資料的分析更是累人。這個辛勤的研究得出兩個相當清楚的結論：

- 字的種類和數量有關係
- 說話提高ＩＱ

父母跟孩子講話的頻率越高，孩子的語言能力越強，即使在一生下的時候就跟他講話都會造成影響。它的標準是一小時二千一百字，所說字的種類（名詞、動詞、形容詞、片語和句子的長短及複雜度）跟字的數量一樣重要。同時父母給孩子的正向回饋也很重要。你可以透過互動增加孩子的語言能力，這個互動包括看著你的寶寶，模仿他發出來的聲音、笑和臉部表情，每次他要說話時都給他極大的注意力去鼓勵他。父母常跟孩子說話、給他正向回饋的孩子，比父母不太跟他們說話的孩子認得的詞彙多了兩倍以上。當這些孩子進入學校系統以後，他們的閱讀、拼字和寫作能力，比那些父母不太跟他們說話的孩子高出很多。即使嬰兒還不能跟父母說話，他們**有在聽**，這對他們就有益。

在生命的初期就跟孩子說話會提升他的ＩＱ，即使在控制了重要的變項，例如家庭收入後，依然如此。到三歲時，那些平常父母有跟他們說話的孩子——叫做多話組（talkative group）——

比那些父母很少跟他們說話的孩子——叫做寡言組（taciturn group）——IQ分數高了一倍半。研究者認為這個IQ的增加也反映在多話組的學業成績比較好上。

記住，一定要是真人跟孩子說話才會幫助寶寶的大腦發育，所以準備好你的聲帶。不是手提式數位光碟或錄音帶播放機，也不是你電視機的身歷聲喇叭，而是你的聲帶。

說什麼和怎麼說

雖然一小時二千一百字聽起來好像很多，它其實僅是我們一般談話的字數而已。在工作場所以外，一個人一般來說，一天看和說十萬個字左右；所以你不必一天二十四小時、一週七天去疲勞轟炸你的寶寶。太過刺激的傷害跟不夠刺激的傷害一樣嚴重，你要注意孩子是否疲倦，這點也是很重要，但是我們怎麼可能沒有給孩子語言刺激呢？「我們現在要來摸你的尿布了。」「看那棵美麗的樹！」「那是什麼？」你也可以在上樓時，大聲數出樓梯的台階數來，你只要習慣跟孩子說話就夠一小時二千一百字了。

你怎麼說這些字也有關係。請在腦海裡想像一下這個取材自教學光碟的情境，這片光碟是當我擔任塔拉里斯研究院主任時發展出來的：一群粗壯的男士邊看電視上的美式足球賽轉播邊吃爆米花，眼睛黏在電視螢幕上。一個寶寶很滿意地在探索他的周遭環境，他被放在電視機旁的遊戲圍欄裡（playpen，譯註：在寶寶會走之後，父母為了怕孩子走丟或摔跤，幾乎每個美國家庭中都有一個，三呎見方大小，高度約一呎，可以摺疊帶到戶外，孩子可在裡面玩或睡，但出不來）。在球賽正緊張時，沙發上的一個傢伙對著電視說：「你是幹什麼了的？你可以做到的呀！為我得分、我要贏！」螢幕上如他所願的回應，這些男士全跳起來歡呼。這個喊叫聲嚇到了孩子，他開始哭。沙發上最壯的那個人恰好是他爸爸，他站起來抱起寶寶：「嗨！大傢伙，」他用高頻率的聲音跟孩子說話，想要安慰他：「要一起看球賽嗎？」沙發上的幾個傢伙彼此對看一眼，眉頭皺起來了。「看看爸爸的寶貝，」這個爸爸繼續用高頻率唱歌的聲調在跟孩子講話：「爸爸的寶貝今天怎麼樣？你餓了嗎？」這位爸爸好像忘記了球賽。「讓我們去吃點通心粉。」他繼續說，朝廚房走去。沙發上的幾個人望著他，一臉不能相信的樣子。球賽繼續，爸爸在背景裡，餵他快樂的孩子吃通心粉。

我們剛剛看到的就是嬰兒對父親的催眠作用，一個愛孩子的父親在孩子哭時，連最愛的球賽也顧不到了。但是，這個爸爸的聲音怎麼了？原來全世界的爸爸對孩子講話都是這個樣，這種說話的形式叫「父母式語言」（parentese），寶寶很喜歡聽這種高頻率、講得很慢、音節很清楚的話。雖然父母常常是不自覺地把音調提高、母音拉長，像唱歌一樣的跟寶寶說話，研究發現，這種說話方式最能幫助孩子的大腦發育。因為當一個人說話的速度放慢時，比較容易聽得懂，母音拉長讓母音變突出，這種誇張的說話方式正好讓你的寶寶可以學會區辨每個字的不同，像唱歌一樣的旋律可以幫助孩子區分對比的類別，而高頻率可以幫助寶寶模仿口語的特質。畢竟他的發聲器官只有你的四分之一大，不能發出很多音，一開始時，只能發出高頻率的音來。

你什麼時候該用這種說話方式？真正的答案無人知曉，但是應該是「一出生就開始」。我們前面看到梅爾索夫的寶寶會跟他吐舌頭，你就曉得嬰兒出生四十二分鐘就可以跟你互動了。一個還不會講話的嬰兒其實已經有很多的語言知識，甚至對一個三個月大的嬰兒唸故事書都很好，尤其是你把寶寶抱在身上，讓他跟你互動。

教育心理學家法勒（William Fowler）訓練一組父母親以上述的方式跟他們的孩子說話，結果他們的寶寶在七到九個月之間都開始說第一個字，有的甚至在十個月時就會說出一個句子，到兩歲時，他們已能掌握文法，而控制組的寶寶要到四歲才能做這些。長期的研究顯示這些孩子在校成績都很好，包括數學和科學；當他們上高中時，百分之六十二的孩子進入資優班。法勒的研究需要更多的研究支持，但是我覺得它棒極了，它更進一步支持對孩子說話就像對神經元灑肥料。

顯然，口語對孩子心智的發展是肥沃的土壤，當你孩子再長大一點時，其他的元素就一樣重要了。下面一種重要的肥料是自發性遊戲（self-generated play），有個很好的例子發生在我兩個兒子都不滿四歲的時候。

◆第三、遊戲萬歲

那是聖誕節的早晨，聖誕樹底下有一包給我們兩個小男孩的禮物：附跑道的賽車，我很興奮的等待他們拆禮物，我知道他們一定會大叫大嚷，高興到翻了天。他們打開禮物——一陣令人不解的沉靜，一分鐘過去了，然後他們把賽車放在一旁，把裝它的紙箱子頂在頭上開始玩起來。

「我知道！」一個大叫說：「是飛機！」「不是！」另一個喊道：「是太空船！」「是，是太空船！」第一個人馬上同意。他們馬上拿起地板上的蠟筆，開始在紙箱上畫圖。小圓圈、大圓圈、正方形、直線，完全忽略我花了那麼多錢買的賽車，我開始想，我幹麼浪費那些錢。

大兒子去樓上找更多的蠟筆，然後發出印地安人打仗的呼叫聲。他發現了一個更大的紙箱，那是那天早上我們夫妻新買的椅子的紙箱。「Yahoo!」他喊道，努力把這個大箱子搬到樓下來。「我們的**駕駛艙**！」接下去兩個小時，他們全神貫注在畫、在黏、在貼、在綁，他們把裝賽車的箱子綁在大箱子上。「關外星人的地方！」孩子很嚴肅的告訴我。他們畫儀表板，拿包裝紙捲成圓筒做雷射砲，還畫了一個可以炸馬鈴薯條的東西，那一天的整個下午，他們在飛這艘太空船，把我們當敵人，把我們叫做魔鬼山的水獺和地牢皇后，他們已經不在西雅圖了，他們在阿爾發象限（Alpha Quadrant）中，他們在明日的世界中。看到他們這樣玩，我們笑到流眼淚。他們的創造力看在我們父母的眼裡，真是最大的喜悅。

但是還有一件更深刻的事物：像這種沒有腳本、即興的遊戲，對孩子們大腦的發展就像奇蹟生長素（MiracleGro，譯註：一種美國家庭中幾乎都有的花草肥料）。這句話聽起來可能有點奇怪。沒有腳本（open-ended）的**遊戲**？沒有一定玩法的遊戲？你不是指未完待續、一直有新產品出來可以加掛的電子教育玩具？不是法文課，然後有無數小時的背誦訓練？事實上，我認為某種程度的背誦在孩子初進小學時是重要的。但是許多父母都非常執著於他們孩子的未來，他們把這旅程的每一步都轉化成產品的發展，不准孩子自由去玩，從一九八一年到一九九七年，父母親給予孩子的自由時間減少了四分之一。恩亭（Esther Entin）在《大西洋月刊》（*Atlantic*）中把研究說明得更詳細，她說孩子「花百分之十八的時間在學校，百分之一百四十五的時間做學校作業，百分之一百六十八以上的時間跟父母逛街購物，研究者發現一九九七年的兒童一周只花十一個小時遊戲，包括玩電玩」。

孩子的自由時間從那以後並沒有增加，葛瑞（Peter Gray）在二〇一一年發現大半個世紀以來，孩子自由支配的時間一直在下降。使寶寶聰明的市場推銷術（各種各樣讓孩子關在小房間玩的數位光碟，甚至有給嬰兒看的光碟）變成幾十億美元的產業了。

我們現在知道，這種自由的遊戲對孩子神經的發展像蛋白質一樣重要，的確，裝著閃卡（flashcard）的紙箱對孩子大腦的發育可能比閃卡更有益。這個好處會讓你很驚訝，研究發現可以自由去玩的孩子：

- **比較有創意**。在擴散性思考（divergent thinking，即說出特定物件有多少非平常的用途）的測驗中，他們的創造性聯想比控制組的孩子高出三倍。

- **語言的使用比較好**。他們有更多的詞彙，對同一個字會有各種不同的用法。
- **比較會解難題**。這是流動智慧，智慧燉牛肉中的一個基本材料。
- **比較沒有壓力**。平常一直在玩這種遊戲的孩子，他們的焦慮感比控制組低了一半。這可能可以解釋為什麼他們在解難題上表現得比較好，因為已知解題的技巧跟焦慮有關，越緊張越解不出來。
- **記憶力比較好**。遊戲會增加記憶測驗的分數，例如，假裝在超市買東西的孩子，他們對於購物清單上的字記住的比控制組多了兩倍。
- **社交技巧比較好**。遊戲是一種社交緩衝劑，這個好處在市區貧民窟孩子的犯罪統計上顯現了出來。假如低收入家庭的孩子在他們很小的時候，就有機會就讀以遊戲為主（play-oriented）的幼兒園，他們長大到二十三歲時，因重罪而被捕的不到百分之七；而在以教導為主（instruction-oriented）的幼兒園上學的孩子，重罪率是百分之三十三。

在這份資料裡，哪個是因、哪個是果很難說。遊戲是學習的方式？還是它只是已經發展好的技術的練習或固化？很令人高興的是，這種爭議會啟動任何科學家求知的心，因此有更多的研究經費。新的研究問：「自由遊戲中有沒有隱藏著某個特定行為來產生自由遊戲的好處？」它的答案是Yes。

並不是每一種自由遊戲都會給你意外的發現，這個祕密的根源並不是沒有守則，隨你愛怎麼玩就怎麼玩。贊成這種大人不要管（hands-off）模式是主張過去那種羅曼蒂克的看法：孩子天生是快樂的，對創造一個想像中的世界有著完美的想像力及不會錯的直覺。這個假設是假如我們讓孩子來引導我們，那麼一切都沒事了。我認同這個說法的某一部分，孩子是天生很有創意及好奇的，而我從我孩子身上所學到的想像力也比從任何一個單一來源來得多；但是孩子同時也是非常沒有經驗的，大部分的孩子沒有打開他們潛在能力的鑰匙，這正是為什麼他們需要父母。

所以能帶來認知上的好處的遊戲，是那種聚焦在衝動控制和自我調節的遊戲——那些我們在前面一章所談到的執行功能行為，如那個餅乾實驗所顯示出來的能力才行。這些資料已經很清楚了，我們可以用它來設計家庭的遊戲間。

心智工具：成熟的戲劇表演

這種遊戲是成熟的戲劇表演（mature dramatic play, MDP）。要得到認知上的好處，MDP必須一天好幾個小時。目前已融入美國學校的課程中，叫「心智工具」（Tools of the Mind），這裡面有一個課程曾被研究過。

這個心智工具的想法來自俄國的心理學家維加斯基（Lev Vygotsky），一位多才多藝的英俊心理學家，可惜在蘇聯的統治下，很早就過勞而死了。他是很多年輕天才的啟蒙師，很多人不能決定長大後要做什麼時，看著他就知道了。他原來要走的是文學分析的路，寫了一篇有名的文章談莎士比亞筆下的哈姆雷特，那時他才十八歲。後來又決定去莫斯科大學醫學院就讀，想要當醫生；他很快又改變了主意，轉到法學院，馬上同時到一所私立大學去註冊，念文學。這樣還不滿足，他去心理系拿了一個博士學位。幾年以後，才三十八歲，他就過世了。但是在投身心理學的那十年，他留下了很多的東西，有一些是開風氣之先。維加斯基是他那個時期少數幾個研究兒童戲劇遊戲的人之一。他預測，五歲以下能做想像力活動的孩子將來的學業成就會很高，他認為戲劇這種想像力的活動比其他數學和語言能力的測驗預測力更高。原因是，維加斯基認為這種遊戲讓孩子學會如何調節他們的社會行為。

在美國，我們從來不認為它是一個自由自在的活動。維加斯基認為想像的遊戲是孩子經驗中限制性最強的行為，假如小莎夏要扮演一個廚師，那麼她就必須遵守廚師所有的規則、期望和對廚師這個行業的限制；假如這個想像的練習還包括朋友，那麼這個朋友也必須按照所有的規則來扮演才行。他們可能會爭吵，直到他們同意這規則是什麼，要怎麼執行——在這裡，自我控制就發展出來了。在一個團體中，像這樣的作業是非常需要智慧的，即使對大人來說，要協調出一個大家都願遵循的規則也很不容易。假如這聽起來有點像現代執行功能的前奏曲，你是對的。維加斯基的追隨者顯示，孩子在用演出想像的情境來控制他們的衝動時，ＭＤＰ的情境效果比非ＭＤＰ的好很多。當其他維加斯基的研究開始顯現出一些瑕疵毛病時，他的自我調節的理論到現在都沒有問題（譯註：質疑和修正是科學進步的兩個推力，在兒童發展上非常有名的皮亞傑，他的理論就被修正過很多次）。

這個研究報告出來後，有許多獨立的實驗室也同樣得出這個結果，所以才會有心智工具計畫出現。它有好幾個部件，其中三個跟我們的討論有關：一個是遊戲的計畫，另一個是假裝的直接指導，最後一個是指導語發生的環境種類。下面是心智工具在教室中的情形：

遊戲計畫

在學前兒童開始一個充滿想像力遊戲的一天前，他們先拿彩色筆把一張叫做「遊戲計畫」（play plan）的表格塗滿。這等於是公開宣布今天要玩什麼，「我今天要和我的洋娃娃在動物園喝下午茶。」或是「我今天要建一座樂高的城堡，假裝我是位武士。」孩子手上拿著一塊有紙夾的寫字板，上面寫著他今天的活動。

練習假裝

老師於是教孩子如何練習假裝，這個技術叫做「假裝遊戲練習」（make-believe play practice）。老師給他們有關假裝的、直接的、沒有限制的指導語。下面是教師手冊上的一個句子：「我假裝我的寶寶在哭，你的寶寶有在哭嗎？我們該說什麼？」

教完指導語，老師就讓孩子去玩想像的遊戲了。每週結束之前，孩子有個短短的「學習研討會」，要寫出他們在這一個星期中學習了什麼、經驗了什麼。他們同時也有團體聚會，任何違反紀律的事都會拿出來在這裡討論，討論的重心在如何解決它。

一間大遊戲房間

大部分心智工具的教室看起來像聖誕節早上禮物拆過後的房間，到處都是樂高，一屋子灑出的沙盒（sandbox，譯註：外國人很喜歡讓孩子玩沙，常給孩子一把小鏟子，就讓他坐在沙坑中玩沙子），地上還有拼圖的碎片、積木、演戲時的戲裝、做手工藝的地方，以及盒子！他們有很多的時間和空間可以互動。每一個人的想像力和創造力綜合起來時，真的是無窮無盡。

在上心智工具的課時有很多其他的活動一起發生，我們還不知道哪一些組合效果最好，我們也不知道這個計畫的長期效果會是如何。在我寫這本書的時候，至少有四個長程且大型的研究試圖回答這個問題，但是我們確定心智工具是**有效的**，這計畫中的孩子在執行功能的任何一個測驗上，表現得都比控制組好了百分之三十到百分之百。這表示他們的學業成績也比較好，因為高執行功能是學業成功的兩個主要預測指標中的一個，這一點研究上已證實了。我們前面描述的那些好處，大部分是來自心智工具的研究。

這些數據發射出來的光，對不適應的眼睛可能會造成傷害（譯註：作者喜歡用這類的表達方式，其實，這句話就是說抱持舊觀念的人會被這些新數據嚇到，因為舊世界被推翻了），他們挑戰「死背的學習等於好的表現」的老觀念。這些數據擺明了告訴你，**情緒**的調節——控制你的衝動——可以預測好的**認知**表現。這像枚炸彈，它直接把智慧的能量綁在情緒的處理上。我並不排斥背誦或重複練習，因為這對人類學習的確很重要，但是顯然維加斯基看到了一些不同的東西。

◆第四、稱讚努力而不要誇獎聰明

雖然他們之間相隔了許多年，我想像維加斯基會很喜歡葛蘭妮（Evelyn Elizabeth Ann Glennie），她是舉世知名的打擊樂手，也可說是最多才多藝的人。她也很喜歡想像的遊戲，她的朋友圈從交響樂團，如紐約愛樂交響樂團，到搖滾樂團，如創世記（Genesis），到冰島音樂表演者碧玉（Björk）。葛蘭妮是英國的貴族學校伊頓（Eaton）畢業的，然後進英國倫敦皇家音樂學院（London's Royal Academy of Music），她在一九八九年得到葛萊美（Grammy）獎。雖然她這麼有成就，影響力這麼大，音樂的天分卻不是她最引人注意的地方。

葛蘭妮是聽障者，她要成功所必須付出的代價是我們不能想像的。在她十二歲聽不見以後，當她的老師演奏時，她必須把手放在教室的牆壁上以感受震動。她天生就有絕對音感，她能用身體去感覺現在只是模糊的聲音。她在舞台演出時常打赤腳，因為赤腳幫助她感受音樂。葛蘭妮的天才是透過她的決心顯露出來的。有一次，有個記者一直窮追不捨的問她有關耳聾聽不見的事，她反唇相譏道：「假如你要想知道聾的事，你應該去訪問聽力學家，我的專長是**音樂**。」

我們知道像這樣的成就來自堅苦卓絕的努力，並不見得是高ＩＱ，就像每個有經驗的父母親都知道，孩子天生有多聰明，並不能擔保她以後會進哈佛。它甚至不能擔保她在數學測驗上會拿Ａ。ＩＱ雖然是一個相當可靠的高學業成績預測者，它跟學生學業平均成績（ＧＰＡ）有著既愛且恨的關係；它跟其他與智慧有關的活動，如西洋棋，也有一些模糊的關係。

學業成績的高低並不能由先天的能力來區別。最近的研究發現，當所有條件都一致時，努力是最後的決定因素，而努力是你自己可以控制的。勤能補拙，從心理學的觀點，努力是願意把一個人的注意力聚焦，而且維持這個聚焦。努力同樣也包括衝動控制和持久的延宕滿足，聽起來很像執行功能，加上一些獨特的香料。

你如何使你的孩子有這種努力？很意外地是，看你怎麼**稱讚**他，你的稱讚界定了你孩子所認為的成功。下面是父母常犯的錯，也是老師看到最傷心的事：一個聰明的孩子痛恨學習，像艾森一樣。

艾森的父母不停的告訴他他有多聰明。「你好聰明，你可以做任何你想做的事，我們很為你驕傲。」每一次發數學考卷、拼字測驗或任何測驗，他的父母就會這樣說。他們當然是好意，他們一直把艾森的成績表現跟他智慧內在先天的特質掛上鉤。

研究者把這叫做「定型心態」（fixed mindsets），父母完全不了解這種稱讚是有毒的。

小艾森很快就知道**任何不需要努力就得來**的學業成就，是他天資優秀的結果。當他進入中學後，有些科目是需要努力的，他無法再輕鬆飛過了，在他人生的第一次，他開始犯錯了。但是他不認為這些錯誤是他改進的機會。他應該是聰明的，因為他可以很快的掌握事情；假如他不能很快的掌握事情，這表示什麼？表示他不再聰明了嗎？因為他不知道為什麼他會成功，所以他就不知道失敗時該怎麼做。你不需要撞一面磚牆很多次，就會覺得很沮喪了。很簡單的，艾森不再嘗試了，他的成績一落千丈。

當你說「你好聰明」時會發生什麼事？

研究發現艾森這個不幸的例子其實在被誇讚聰明的孩子身上相當普遍，假如你用這種方式誇獎你的小孩，統計上來說，有三件事情會發生：

第一，你的小孩會把錯誤看成失敗，因為你告訴他成功是由於一些他不能控制的因素（天生聰明與否）造成的。他會把成績不好看成失敗，再把這失敗看成他沒有這個能力。他把成功看成禮物而不是努力可以得來的成果。

第二，他現在會很關心自己看起來聰不聰明，而不是真的在乎有沒有學到什麼東西。這可能是對上面第一項的反應。雖然艾森很聰明，但是他更在乎有沒有看起來很聰明，他希望做出毫不費力、輕而易舉就過關的樣子給別人看，尤其對他在乎的人。他對學習不尊重了，不想好好的去學，只想如何做出學得很好的樣子。

> 常常被鼓勵努力的孩子成功地解出很難的數學題目，比被稱讚聰明的多了百分之五十。

第三，他會更不願意找出失敗的原因，更不願意努力。這種孩子不願承認錯誤，因為失敗的代價太高了，因此絕對不能承認有錯。

你應該說：「你真的很努力，很用功！」

艾森的父母親該怎麼說呢?研究顯示有個很簡單的方法，他們應該稱讚他很努力、很用功，而不是很聰明。當孩子考得很好時，父母不要說：「我好為你驕傲，你好聰明。」這就是有害的定型心態，因為聰明與否無法控制；他們應該說：「我好為你驕傲，你一定下了**很大**的功夫。」因為努力是自己可以控制的，而聰明卻是沒有辦法改變的。這叫做「成長心態」（growth mindset）。

三十多年來的研究發現，在成長心態的獎勵下長大的孩子，學業成就比在定型心態獎勵下長大的孩子好。他們長大進入成人期之後，表現還是比較好。這並不奇怪，有成長心態的孩子對失敗抱著重新再來過的態度，他們不會一直反芻他們的錯誤，他們把錯誤看成是要解決的難題，然後動手去解決它。在實驗室中及在學校裡，他們花很多時間在解決困難的作業上，也解得比定型心態的同學多。常常被鼓勵努力的孩子成功地解出很難的數學題目，比被稱讚聰明的多了百分之五十到六十。

德魏克（Carol Dweck）是這個領域很有名的研究者，她有一次問學生考完試的感覺，大多數學生回答：「我應該放輕鬆點，把這題做出來。」也有很多學生說：「我喜歡挑戰。」因為他們認為錯誤來自努力不夠，而不是缺乏能力。孩子知道錯誤可以彌補，下次再努力一點就好了。

假如你已經走上稱讚孩子聰明的定型心態之路了，怎麼辦？現在改變還來得及嗎？這個問題需要更多的研究才能回答，但研究發現即使是有限的暴露在成長心態下，還是有正向的效果的。

稱讚當然不是唯一的因素，我們現在看到基因也在努力扮演角色。倫敦有一組研究者研究了近四千對雙胞胎，看他們的「自我感覺能力」（self-perceived abilities, SPA），也就是在處理困難學業的挑戰時的反應。這些雙胞胎都生活在一起，有同樣的家庭環境，成長心態行為主義者所認為的這個變項，在SPA中只佔百分之二的變異性，研究者認為應該有很好的機會把SPA基因分離出來。當然這還需要很多的研究才能下定論。假如這個基因真的找到了，父母就可以鬆一口氣，只要改變撫養某些孩子的策略就好了——有些孩子不太需要什麼指示，有些卻一分鐘都不能讓他離開你的視線。或許努力只是使孩子比較能夠驅動他們天生的智慧。無論如何，你要努力做到正確提供肥料的第四項養分。下面則來談談你有必要限制的事情。

數位時代：電視、電玩和網路

我才剛剛對一群老師講完視覺處理和大腦給它的優先處理權，當我停下來問「有沒有問題」

時，一位中年婦女脫口而出：「所以電視對大腦的發展是好的了？」房間裡有一些聲音。一位年紀大一點的紳士接著問：「那麼電玩遊戲怎麼樣？還有網際網路呢？」一個年輕人站起來防衛性的說：「電玩遊戲本身沒有錯，網路本身也沒有錯。」場面開始火爆了，老的在一邊，年輕的在另一邊，最後有人大聲說：「讓我們問腦科學專家，」他轉向我，說：「你怎麼看這些東西？」

「我想引用一位十九世紀的老朋友華生（J. Watson）的話，」我有點猶疑要不要跳這個火坑，這句話是護身符，每次碰到這種情形，我就用它來滅火。「他是國會議員，也是一位外交官，有一次有人問他一個爭議性很大的案子，他會怎麼投，他的回答非常聰明：『對這個問題，我兩方都有朋友，我願意跟我的朋友站在一起。』」每個人都笑起來，緊張的氣氛獲得緩解，我避開了這個燙手山芋。

然而，這個問題是不可忽略的，從聰明的電視到更聰明的手機，數位時代已經影響了這個地球上的每一個人，而看電視已經是現代孩子發展經驗的常態了。父母應該對電視、電玩遊戲、網路關心嗎？我會很坦白的告訴你：除了等一下我們馬上要討論的電視節目，我這輩子還沒有看過任何做得更爛的研究，尤其是有關大腦、行為和電玩遊戲。這些研究設計得很糟，有預設立場，沒有控制組，受試者不是隨機選派，樣本數太少，太少的實驗——太多的憤怒意見。現在對電玩遊戲和網路有一些新的研究還在進行中，但是就像任何一個新的研究一樣，早期的發現都是混雜在一起、尚未釐清的；也就是說，它足以使每一個人快樂，但是沒有人真正快樂。

小盒子裡的學步兒

當你在考慮是否讓你的孩子看電視時，你主要要考慮電視節目的內容。這有兩個原因。

第一，孩子實在很會模仿（還記得前面那個孩子用頭去碰觸，盒子裡面的電燈就亮起來的實驗嗎？），這個只要看一次就學會的叫做「延宕模仿」（deferred imitation），這個延宕模仿是發展得很快的一種驚人能力，一個十三個月大的孩子可以記得一週以前發生的事，只看過一次就會模仿；當他一歲半時，他可以模仿四個月以前看過一次的行為。這個能力一直跟著孩子，從來沒有被遺忘，廣告界幾十年前就知道這個事實了。這行為背後的意義是很強大的，假如兩三歲的孩子可以將一個複雜的序列事件，只看過一次以後就記住，那麼他們在看電視時是不是記下了許許多多不該記的東西？（更不要說，孩子看到他們父母的行為，一天二十四小時，一週七天，一年三百六十五天，延宕模仿解釋了為什麼我們在離家多年之後還是會去模仿父母親的行為，例如我對我太太所做的那個汽車鑰匙的事。）

孩子在你意想不到的時間和情境會把這個延宕模仿顯露出來，如下面這個媽媽所說的故事：

今年的聖誕節過得很愉快，我突然注意到我三歲的女兒不見了，我去找她時，發現她在我的主臥房中的浴室裡。我問她為什麼要用我的浴室，而不用她自己的。她說，她在「扮一隻小貓」，我去看一下貓的沙盒，果然，她在貓上廁所的沙盒中大便了，我說不出話來……。

這個故事透露了很多孩子如何習得訊息。這個小女孩了解上廁所的地方的意思，所以當她扮演貓時，她就去貓的沙盒中上廁所了。這個主題很噁心，但是它所顯現出來的行為很令人高興。

電視節目內容很重要的第二個原因是：我們的預期和假設會嚴重的影響我們對真實世界的看法。這是因為我們的大腦非常願意把它的意見加入你目前正在經驗的事情上，然後騙你，讓你以為這個混合物才是真實。你可能不喜歡聽到這些，但是你對外界的知覺不是錄影機所錄下來的影像，你所看到的東西是眼睛送上去到大腦和你大腦認為你應該要看到東西的妥協品，而你所期待要看到的東西會影響你大腦的決策。經驗會慢慢滲入預期，預期又會影響你的行為。

耶魯大學的心理學家巴夫（John Bargh）告訴一群健康的大學生，要測試他們的語言能力，他給他們看一張字單，要求學生把這單子上的字組合成一個有意義的句子。你現在馬上就可以自己試一試。

DOWN SAT LONELY THE MAN WRINKLED BITTERLY THE WITH FACE OLD

很容易嗎？沒錯，「Bitterly, the lonely old man with the wrinkled face sat down.」是個快速的答案，但是這不是一個語言的測驗，你注意到裡面有很多字都跟「老」有關。巴夫對他學生的文法能力沒有興趣，他有興趣的是當學生做完這個測驗要離開時，他們走出實驗室到走廊的時間。他發現那些讀「老人」句子的學生，走出實驗室到走廊盡頭離開的時間比控制組的學生多花了百分之四十。有些學生甚至拖著腳步，好像他是五十歲的人一樣。巴夫說：「活化學生大腦中老人的刻板印象，使學生的行為與那個刻板印象一致。」

巴夫的這個實驗只是一連串實驗中的一個，顯示外在的影響可以強有力的立刻帶動內在的行為。你讓你孩子看的東西會影響他對這個世界的預期，而這個預期又會影響他的看法，這個看法又影響他的行為——不論看的是一個月大的嬰兒或二十歲的大學生都一樣。

延宕模仿和預期怎麼影響數位世界？電視的研究做得最好。

◆兩歲以前不要看電視

孩子應不應該看電視這個議題已經不像以前那麼火爆了，現在大家都同意孩子看電視的時間應該有限制。我們也知道，我們其實完全忽略這個忠告。

我記得小時候每個週日晚上等待迪士尼公司的《奇妙的彩色世界》（*Wonderful World of Color*）節目，我也記得我媽媽節目一結束就把電視關掉。我們現在不是這樣了，美國兩歲以上的孩子每天花四小時四十九分鐘在看電視，比十年前多了百分之二十，而且看的年齡越來越早。二〇〇三年，百分之七十七的六歲以下孩子每天看電視，兩歲以下的孩子每天看電視或用電腦的「螢幕時間」是兩小時又五分鐘。我在前面提到美國人在工作以外，每天平均聽到十萬個字，這裡面有百分之四十五的字是來自電視。

事實是，在兩歲以前，孩子應該看電視的時間是零。

電視會導致敵意，注意力不能集中

我們知道敵意的同儕互動和孩子看電視時間有關係已經幾十年了。這中間的關係曾經有過爭議（或許攻擊性強的人看比較多的電視？），但是現在我們看到這是一個延宕模仿能力加上衝動控制喪失的問題。我有一個例子：

當我還在念幼稚園時，我最好的朋友跟我一起在看影集《三個臭皮匠》，這是個有很多肢體動作的喜劇節目，包括把手指插到別人的眼睛。當節目結束後，我的朋友把他的兩根手指頭做成V字型，直取我的眼睛，我一個小時什麼都看不見，後來送急診室，醫生說我的眼角膜刮傷，我的眼球肌肉拉傷。

另一個例子是霸凌，四歲以下的孩子，每看一小時電視，到他們進小學時，霸凌別人的機會增加百分之九，這是情緒調節出了問題。即使把是雞生蛋抑或蛋生雞納入考量，美國兒科醫學會估計，百分之十至百分之二十的真實世界暴力可以歸因到媒體的暴力。

電視也傷害注意力廣度及聚焦能力，這是執行功能最重要的一個指標。三歲以下兒童，每看電視一小時，他到七歲時，注意力缺失的問題增加百分之十。所以學前兒童每天看電視三小時，就比不看電視的孩子多了百分之三十的機會變成注意力缺失。

如果只是電視開著而無人在看，這種二手暴露也會造成傷害，可能是因為它干擾注意力。在實驗室中，如果開很大的音響或閃光影像都會干擾孩子的注意力，使他們從原來在做的事情上分心，包括我們前面提到的想像的遊戲。電視的效果對還在包尿布孩子的毒害嚴重到美國的兒科醫學會發出一份建議，這份文件到今天都還有效。

小兒科醫生應該鼓勵父母避免讓兩歲以下的幼兒觀看電視。雖然有些電視節目是專為這個年齡兒童做的，早期大腦發育的研究顯示嬰兒和兩歲的孩子有直接跟父母或照顧他的人互動的需求，才能使大腦健康的成長，發展出合適的社會、情緒和認知技能。

最近的研究計畫是針對電視對學業成績的影響，初步結果顯示它影響閱讀的分數和語言的習得。但是在兩歲以後，對孩子大腦最糟的效應是因為電視使孩子不去外面運動，這個主題在我們談到電玩遊戲時會詳談。

對準嬰兒的電視無助於他的大腦

那麼，商店裡架子上一大堆教育錄影帶或數位光碟又怎樣呢？它們都宣稱能夠增強學前兒童認知的表現。商人的自吹自擂引起一群華盛頓大學的研究者去檢驗他們的說法。我記得看過一則記者招待會的新聞稿，一開始，我大笑，突然之間，我清醒了！我們大學的校長接到一通電話，是迪士尼公司的總裁伊格（Robert Iger）親自打來的，米老鼠不高興了，華盛頓大學的科學家剛剛發表了一篇測試迪士尼產品《小小愛因斯坦》（*Baby Einstein*）數位光碟的研究報告，研究結果對迪士尼不利。

這應該沒有讓你驚訝，因為我們前面已經討論過這麼多電視電玩的傷害了。這個報告說迪士尼的《小小愛因斯坦》對十七到二十四個月大的嬰兒沒有任何正向的功能，不但不能增加嬰兒的詞彙，有些甚至有害。每天看這光碟一小時的寶寶比沒有看的，理解的字平均還少了六到八個。

迪士尼要求撤回研究，堅持研究有缺失；但是在與原始的研究者談過以後，華盛頓大學堅持立場。在這份新聞稿後安靜了兩年，然後在二〇〇九年十月，迪士尼回收這個產品，賠償買的人當初買的錢，迪士尼把「教育性」（educational）這三個字拿掉了。

五歲以後，評審出局

自從第一個有關電視的研究以後，研究者就發現不是所有有關電視的都是不好的。要看電視節目的內容、孩子的年齡，甚至孩子的基因。在兩歲以前，最好完全不要給孩子看電視，但是五歲以後，評審就出局了。有些電視節目**可以幫助**大腦的表現。不令人驚訝的，這些節目是互動式節目（根據某些研究《愛探險的朵拉》〔*Dora the Explorer*〕很好，《邦尼恐龍》〔*Barney and Friends*〕很差），所以雖然整體來說看電視時間應該限制，你卻不能完全抹煞它。下面是研究資料建議該怎麼看電視：

1.在孩子兩歲以前，不要開電視。我知道這很難，很多父母說他們需要休息一下，假如你不能關掉——假如你還沒有創造出可以使你休息一下的社交網絡——至少限制你孩子暴露在電視前的時間。我們生活在一個真實的世界中，一個易怒、過度勞累的父母對孩子大腦的傷害，跟那隻討厭的紫色恐龍也差不多（譯註：這是指那隻邦尼恐龍）。

2.在兩歲以後，幫助你的孩子選擇好的節目（和其他形式的螢幕暴露），尤其那些可以讓孩子有智慧互動的節目。

3.跟你孩子一起看所選的節目，跟媒體互動，幫助孩子分析和批判性思考他們剛剛的經驗。重新考慮把電視放在孩子的房間：有自己電視的孩子在數學和語文、藝術的測驗上，比電視在公共空間不在孩子房中的平均少了八分。

◆電玩遊戲：不要只是坐在那裡

首先，我很喜歡《迷霧之島》（*Myst*），一個古老的電腦遊戲；在變成科學家以前，我是繪圖的藝術家及專業動畫家，第一眼看到《迷霧之島》就愛上了它。它的電腦繪圖非常漂亮，我花了無數小時在這個世界裡探索、解決難題、閱讀（這個遊戲有附書），檢視星辰圖和操作技術，它所引起視覺的靈感不亞於達文西（Leonardo da Vinci）、凡爾納（Jules Verne，譯註：《海底兩萬哩》《地心歷險記》《環遊世界八十天》等名著的作者）和羅登貝瑞（Gene Roddenberry，譯註：電視影集《星艦迷航記》的編劇）。即使到現在，聽到海浪輕輕拍打著海岸都還會立刻把我帶回夢幻的數位世界，在那裡，我第一次領略到電腦的威力。假如我聽起來被電腦迷住了，那我有正確的把我的意思傳遞出來。對一個科學家而言這可是危險之舉，尤其是馬上要批評電玩遊戲的那個人。幸運的是，還有其他冷靜的頭腦，畢竟這是為什麼我們會稱它為「同儕審訂」。

目前有關電玩遊戲和嬰兒大腦發育的文獻不多，描繪出來的結果也相當混淆，這是可以理解的，因為這個主題還相當新，而研究的技術又改變得非常快，所以新生嬰兒或幼兒的父母應該知道的資料，不是來自電玩遊戲對心智的影響，而是來自電玩遊戲對身體的影響。

就像電視，大部分的電玩遊戲是坐著不動的，只有二〇〇六年出來的 Wii 是要做動作的，但是好像沒有什麼效用，孩子的體重還是急劇上升。這現象嚴重到一些原本只有中老年人才會得的病，現在也在孩子身上看到了，如關節炎。玩電玩遊戲的孩子比不玩的，肥胖症高了三倍。

大腦喜歡運動

研究腦科學的人聽到兒童肥胖症（pediatric obesity）在增加都很難過，因為我們知道身體活動跟大腦心智敏銳度的關係。有氧運動對大腦非常好，能增加執行功能百分之五十至百分之百，而且一直到老年皆如此，其他的運動就沒有這麼高的數字。

從小養成孩子運動的習慣讓他一生受用不盡。健康運動的孩子在執行功能測驗上得分高於靜坐不動的控制組，這個優勢只要孩子繼續運動就會保持下去。最好的效果就是**你和你的孩子一起**運動。記得延宕模仿實驗嗎？養成你孩子運動的生活形態是你給你孩子最好的禮物之一。這表示你要放下手邊正在做的事，給你孩子一個好榜樣。這不會使《迷霧之島》失去吸引力，它只會給電玩遊戲更微妙的色調，感情和意義上的差異使你對電玩遊戲的罪惡感沒有了，因為你有在運動，對它的顏色、聲調更敏感了，因為你的大腦變得更敏銳了。我還是深愛我的電玩遊戲，但是我越來越覺得電玩遊戲應該加上警告的標示，像香菸一樣。

◆關於簡訊的警世故事

那麼，網路和跟它有關的數位溝通方式又怎樣呢？有關它的資料也很少，目前已有的研究透露出來的卻是一些要小心的理由，如下面這則故事所示：

一個九歲的女孩決定邀請五、六個好友來她家過夜，舉辦她第一個睡衣派對（slumber party）。她身為社會學家的母親很高興，她記得自己童年的這種整夜不睡、聊天聊到天亮的聚會，所以她以為會有枕頭戰、說悄悄話、交換心中最深的祕密等等。結果這些一樣都沒有出現，當她孩子的朋友都到齊時，母親的脊背開始發涼：這些大女孩之間談話不像一般的九歲女孩，反而像四歲、情緒未成熟的孩子，她們錯誤的解讀彼此的肢體訊息，而且全員在抵達的三十分鐘之內，六個女孩中有五個拿出手機，忙著跟不在場的同學傳簡訊，相互拍照，把它傳送出去。孩子們這樣過了一晚，到半夜兩點時，樓上非常安靜，母親不放心的上樓查看，一半的女孩已經睡著了，另一半仍在打手機，手機螢幕的光在被單下閃閃發亮。

傳簡訊跟社交不成熟有關嗎？這可不是一個無關緊要的議題，二〇〇八年的年輕人每個月平均送出和接收二二七二則簡訊，這是每天八十則。到二〇〇九年，他們每天讀到的字，百分之二十七直接來自電腦。這有什麼不對嗎？還沒有人真正知道，我們現在只能從媒體本質來談。網際網路和跟它有關的媒體鼓勵的是和人的溝通，就像上述女孩們和睡衣派對一樣；但是即使她們身在一起，心卻隔得很遠，除非所有的數位互動都有攝影機相連，不然孩子沒有機會練習非語言的肢體線索，她們會人際溝通不良，不懂別人臉上表情的意義，因為電腦簡訊沒有表情。順便提一下，自閉症的孩子就是住在這樣的世界中。

良好的非語言溝通能力是需要很多年的練習的。就像我們在前一章中所提到，它對孩子非常重要，真實生活的經驗遠比網路中的複雜得多，而且不是匿名的。有血有肉的人互相碰觸，加入彼此的路徑中，不停的寄發簡訊出去這種流行的溝通方式，無法把真正的人際縮簡成三個字母的短訊。記得前面提到從婚姻到工作場所中，最大的衝突來源是外察和內省之間訊息的不對稱嗎？很大一部分不對稱是來自不恰當的解釋非語言的線索。比較沒有這方面經驗或練習的人，社會互動越不成熟，也就越容易離婚及工作表現不佳，因為他的生產力被侵蝕掉了。

這位社會學家母親的故事可以說是個當頭棒喝，這是一個非常好的研究主題。目前對數位世界抱持健康的懷疑態度大概是最好的方式，因為萬一失敗，我們要付出的代價是很高的。目前最好的忠告是想辦法讓這些機器處於關機狀態。

不論好壞，我們都是社會性動物，這可能是設定在DNA中了。你只要看老羅斯福總統就知道，人際關係是孩子未來成功的最重要因素。一個浸淫在科技的文化可能會指控研究者站在歷史錯誤的一邊，研究者則反過來可能會指責文化在人性錯誤的一邊。

過度教養：我的寶寶比你的寶寶棒

我最近在候機室等待登機時，聽到一通手機對話：「你們家史蒂芬妮會走路了嗎？還沒有？布萊登在他九個月時就會走路了！」然後，「史蒂芬妮還在包尿布嗎？布萊登在兩歲之前就已經訓練好大小便了！」這個談話一直繼續，布萊登在發展的里程碑上勝過悲慘的史蒂芬妮。我到處都聽到這種寶寶比賽，這種超強父母比較也是你要從你寶寶的肥料中剔除的。當談話結束後，我可以想像史蒂芬妮的媽媽的感覺，憤怒？羞愧？她很可能出去把所有發展性玩具都買回來，每天操練來加速小女孩的發展，或者她會坐下來哭。這兩者都是完全不必要的。

製造出像這樣的比較不但會阻礙成果，而且和現代神經科學的發現不合。它同時也把很多的壓力加在孩子身上，這對他大腦是有害的。

沒有兩個寶寶有著相同的發展率

你到現在應該知道了，大腦的發展是有它的時刻表的，這個時刻表就跟他的性格一樣，是非常個人化的。孩子不是用固定的腳步朝著發展里程碑邁進，它是像個大腦小兵走在自己的路上。一個在四歲時是數學天才的孩子，到九歲時不見得是；愛因斯坦不用說是最聰明的人，但是接近三歲之前他還不會講完整的句子（聽說他的第一個句子是「這碗湯太燙了」）。這個個別差異一部分來自基因，但是也有可能神經元忙著處理外界的刺激，新的刺激會形成新的神經連結，而中斷過去已經有的，這叫做「神經可塑性」（neuroplasticity）。

大腦會經過一些每個人都有的發展階段，但是大腦科學家對這階段是什麼卻沒有共識。發展心理學家皮亞傑（Jean Piaget，他曾經跟發展法國智力測驗的比奈共事過）曾經提出四個認知發展階段，即感覺動作期（sensorimotor）、前運思期（preoperational）、具體運思期（concrete operational）和形式運思期（formal operational），這個發展階段的概念在當時非常有影響力，現在卻非常有爭議。在二十世紀末，研究者開始質疑皮亞傑的觀念，因為實驗看到孩子習得技能和概念的年齡比皮亞傑講的早了很多。後來的研究顯示，即使在同一類別內，孩子發展的階段還是不同，他們各有自己的步調，很多孩子並沒有依照皮亞傑所說的次序，他們有時跳過一個或兩個階段，或是重複同一階段好幾次；有些孩子的階段根本就不顯著。孩子的大腦沒有任何不對，不對的是我們大人的理論。

雖然有些父母認為大腦的發展是一場奧林匹克競賽，他們要孩子在每個階段都贏，不管代價是什麼。甚至在孩子已經進了大學你仍然可以看到父母這些心態造成的後果。雖然我教的大部分是研究生，偶爾也會教一些想進醫學院的大學部學生，而他們除了分數，什麼都不在乎。有些人形容這種父母是只把他們的孩子看做成績單，而不是真正的人。

這稱為「過度教養」（hyper-parenting），現在有人專門研究這種父母。塔夫斯大學（Tufts University）的榮譽退休教授艾爾康（David Elkind）是位發展心理學家，他把這種包山包海無所不管的父母分成幾類，下面舉出四類：

- **成就美食家父母**：這種父母是高成就者，他們希望孩子也能像他們一樣是高成就者。
- **大學學位父母**：這種父母跟上面的很相似，但是相信越早開始學業訓練越好。
- **極限挑戰父母**：這種父母想要提供孩子所有的求生技能，因為這個世界是個危險的地方，他們多半是從事軍事或法律的職業。
- **神童父母**：這種父母在財務上很成功，對教育系統深深不信任，他們希望保護他的孩子不受到任何學校教育的負面效應。

不管種類是什麼，這些過度教養的父母通常會為了孩子的學業成就犧牲孩子的快樂。雖然我們不知道實際的數字，但是韓國的高中生或許可以借鏡說明。韓國十五歲到十九歲的高中生自殺率高居死亡原因的第二名，僅次於交通意外死亡，因為他們父母寄望他們在標準化測驗（譯註：相當於我們過去的大學聯考）表現優異的壓力，大到他們不能忍受。

我知道這些父母從何而來，在一個競爭的世界裡，勝利者通常都是最聰明的人，因此，一個愛孩子的父母，自然而然就會在意他孩子的智慧。然而，父母沒有想到的是，太大的學業成就壓力會有反效果。

過度教養可能會傷害到你孩子在這階段智慧的發展。

◆第一、過高的預期會阻礙高層次思考

孩子對父母的期望是非常敏感、非常有反應的，他們很小就懂得去取悅父母、去滿足父母的期望；但是壓力太過時，他們長大會反叛。假如孩子感受到父母希望他們在學業上有某種成就，而他們的大腦還沒有準備好、還做不到時，他們會被冷酷無情的逼到牆角。這會強迫大腦轉到「低層次」的思考策略（譯註：作者指的是背誦），創造出假習慣，這習慣以後可能會變成「反學

習」（unlearn）。我在一個社交場合看到這個現象。一個很驕傲的父親告訴我，他兩歲的兒子會做乘法，他叫他的孩子背乘法口訣；你只要稍微提問一下就知道這個孩子並不了解乘法是幹什麼的，他只是像鸚鵡一樣複誦一些記憶的事實而已，以低層次的思考技術替代高層次的處理特質。艾爾康把這叫做「小馬把戲」（pony tricks），他認為沒有孩子應該受到這種待遇。我完全同意。

◆第二、壓力會澆熄好奇心

小孩是天生的探索者，但是假如父母給的是僵化嚴厲的教育預期，興趣很快就會消失。孩子很快就不再問有潛力的問題，一個探索的行為如果沒有受到鼓勵，它會被拋棄。記得我們的大腦是個求生存的器官嗎？對孩子來說，沒有什麼比安全感更重要（在這裡，就是父母的讚許），所以孩子會去做得到父母讚許的行為，而拋掉他自己天生有興趣的探索行為。

◆第三、持續的憤怒或失望會變成有毒的壓力

當父母強迫孩子去做他大腦還沒有能力執行的作業時，會造成傷害。要求型父母通常會對孩子的表現表示失望、痛心或憤怒，很小的孩子就能感受到父母的不悅，他們會盡力避免。

假如他們沒有辦法避免，這個失去的控制就變成毒藥了。它會造成習得的無助的心理狀態，這個心態會實際傷害孩子的大腦。孩子學到他無法自己控制這個負面刺激（父母的憤怒或失望）

的來臨，也無法逃脫這個環境。想像一下，一個三年級的孩子每天放學回家，喝醉酒的父親就會打他，孩子必須有個家、而這個家又不像家，他就慢慢發展出一種絕望的心態，無路可逃，只能坐以待斃，最後他就放棄了，即使後來有機會掙脫，他也不逃，因為他連嘗試的勇氣都放棄了。這就是所謂**習得的**無助，你不需要身體上的虐待，只要擺出失望憤怒的面孔就夠了。

習得的無助是進入憂鬱症的大門，即使在童年期也會造成影響。我認得一個自殺身亡的研究生的父母，他們真的是極端的要求、強迫，說實在的，已經到病態的地步。雖然憂鬱症是一個很複雜的疾病，這學生的遺書指出他會採取這種激烈手段，有一部分是反映出他沒有達到父母的期望，不配活著。再強調一次：我們的大腦對學習沒有興趣，它只對生存有興趣，大腦不是發展來學習的。

在你孩子來到這個世界之前，把這牢記在你的心頭：教養孩子不是競賽，孩子不是大人成功的替代物。競賽可以是激勵的一種手段，但是太過會毒害你孩子的大腦，拿你的孩子跟別人比，並不會使你的孩子或你自己達到你要他去的地方。

現在有許多方法可以使你的孩子大腦發展到它的極限，聚焦在自由發揮的遊戲上、跟孩子說話、有很多的親子互動、讚美他的努力，這些都是保證可以增加你寶寶智力的肥料。這些東西不需要花錢買，也不浮華。畢竟人類大腦的能力在發展出來之前，這個世界不但是前網際網路的世界（pre-Internet），還是前冰河時期。

重點提示
Key Point

大腦守則

聰明寶寶：土壤

- 大腦對存活下去比對得到好成績有興趣多了。
- 有助於早期學習是：餵母乳，對你的寶寶說話——盡量說，每天有引導的遊戲，獎勵他們的努力而不是誇獎他聰明。
- 會傷害早期學習的是：看太多電視（在兩歲以前盡量不要讓孩子看電視），靜坐不動的生活形態，很少面對面的互動。
- 在孩子大腦未成熟前強迫他去學某個主題，對孩子只有傷害。

第五章 快樂寶寶：種子

大腦守則

結交新朋友，維繫舊友誼

你只是把一個新玩具放進她的搖籃裡，但是這個甜蜜安靜的小東西的反應卻好像是你把她最喜歡的東西拿走一樣，她的眼睛看著你，她的臉開始扭曲，壓力在她的心裡開始增強，她張開嘴發出第四類的尖叫哭號聲，背弓起來拳打腳踢，好像大災難降臨。但是她不是針對你，不是你的關係，只要有新的經驗進入她的生活，她就會這樣反應；只要是不熟悉的聲音、奇怪的味道、很大的噪音，她都會如此反應。她非常敏感，當她的「正常」被干擾時，新生嬰兒就崩潰了。

一個十五歲、留著長髮的女孩在回答她的學校生活及課外活動的情形。但是她一張開嘴巴，你就知道不對勁，因為她臉上的表情跟上述那個嬰兒要哭時一模一樣。她的身體一直扭來扭去，她搖著膝蓋，手指捲著頭髮，她的回答斷斷續續好像很用力才擠出一句話。她放學後並沒有什麼課外活動，她說，不過她有拉小提琴和寫些東西。當研究者問她，她最擔心什麼時，她猶疑了一下，然後就打開淚水閘門，大哭起來了。她說：「我在人多的地方覺得非常不自在，尤其當我身邊的人都知道他們在做什麼的時候，我一直在想，我應該在這裡嗎？應該去那裡嗎？我是不是擋著別人的路了？」她停了一下，繼續哭：「等我長大以後，我怎麼去應付外面這個世界？我怎麼能做一些真正有意義的事情？」情緒宣洩完以後，她退縮了，一副被打敗的樣子，「我沒有辦法不去想這些。」她最後說。她的聲音最後變成低沉的耳語。這種氣質（temperament）使你一眼看出來，沒有錯，她就是那個嬰兒，十五年以後的那個嬰兒。

而且她顯然是個不快樂的孩子。

研究者叫她十九號寶寶，她在發展心理學的圈子中相當有名。哈佛心理學家凱根（Jerome Kagan）研究她和許多像她一樣的孩子，發現氣質在孩子的快樂上，扮演一個很重要的角色。

本章我們要討論為什麼有的孩子，像這個十九號寶寶這麼不快樂，而其他的寶寶又跟她完全相反（事實上，她會被稱為十九號寶寶，是因為在凱根的研究中，一到十八號都是非常快樂的寶寶）。我們會討論快樂孩子的生物基礎、你得到一個焦慮寶寶的機率，還有快樂是否有基因上的關係以及快樂生活的祕密。在下一章，我們會討論你如何替孩子打造一個使他快樂的環境。

什麼是快樂

父母親常告訴我，他們最高的目標是教養出一個快樂的孩子。我問他們這是什麼意思時，得到很多不同的反應。有的父母認為快樂是一種情緒，他們要孩子常常處在一個正向的主觀心理狀態；有的父母認為它是一種穩定的幸福感，他們要孩子感到滿足，情緒上穩定；其他的父母似乎認為是安全感、有品德，他們祈禱他們的孩子會找到一份好工作，找到好的人生伴侶，或「高人一等」。反正大部分的家長覺得快樂是一個很難捉摸的東西。

科學家也是這樣認為，哈佛大學心理學家吉爾伯特（Daniel Gilbert）花了很多時間想找出這個答案。他認為快樂有三種：

- **情緒性快樂**：這是我所問過大部分的家長指的快樂。這種快樂是一種情境（情緒）的感覺，一種經驗、一種主觀的狀態，由外界一些東西所引起的。你的孩子看到藍色很歡喜，被電影感動，看到大峽谷很興奮，喝到牛奶覺得很滿足。
- **道德性快樂**：這跟美德不可分，道德性快樂是一種哲學上的態度而不是自發性的主觀感覺。假如你的孩子過著很好、很有意義的生活，他可能會覺得滿意和滿足。吉爾伯特用希臘字eudaimonia來形容這個想法，這個字亞里斯多德（Aristotle）翻譯為「過得很好」（doing and living well）；在字義上是指「有一個好的守護天使」（having a good guardian spirit）。
- **判斷性快樂**：在這裡，快樂後面要跟著about或for或that。你的孩子因為馬上要去公園而感到快樂；她替她的朋友高興，因為朋友剛得到一隻小狗。這包括對世界做判斷，它不只是一些暫時的主觀的感覺，而是快樂感覺的來源。它可以是過去的、現在的，或是未來的。

不管是哪一種，我們想問，這個快樂是怎麼來的？

快樂的祕密

這個快樂的來源是美國近代科學史上最長久的一個持續實驗所發現的。主持這個研究的心理學家叫維倫特（George Vaillant）。自一九三七年起，他主持一個大型研究叫「哈佛成人發展研究」（Harvard Study of Adult Development），蒐集了幾百人的私人資料，這個計畫常稱為「葛蘭特研究」（the Grant Study），因為這個研究是由百貨業鉅子葛蘭特（W. T. Grant）出資支助的。他們問的主要問題是：「美好生活」有沒有公式可套用？是什麼使人們覺得快樂？

維倫特主持這個專案四十多年，他的興趣其實不只是學術性的。他說他自己是一個「被中斷」（disconnected）的父親，孩子不跟他往來，他結過四次婚（兩次跟同一個女人），有五個小孩，其中一個是自閉症。他自己的父親在他十歲時自殺了，留給他非常少的快樂記憶，所以，講起來他很適合來領導這個研究。

這個專案最開始時的研究者已經全部過世了。在一九三七年時，他們招募了二百六十八名哈佛大學的學生參加這個研究，他們都是白人，看起來都適應良好，有大好前途等著他們（其中最有名的是甘迺迪總統〔John F. Kennedy〕及《華盛頓郵報》（*Washington Post*）的資深編輯布萊德利〔Ben Bradlee〕）。這些年來他們的生命之門敞開，使心理學家、人類學家、社會工作者甚至生理學家可以追蹤發生在他們身上的每一件事。

這研究一開始時資料蒐集之齊全，我想連國土安全部（Department of Homeland Security）的人都會感到羨慕。這二百六十八個人經過仔細的身體檢查（每五年就得做一次），耐心的回答一大堆心理測驗卷，每十五年要忍受詳細的面談，每隔一年要回答一份問卷，這樣做了七十五年。

葛蘭特研究可以說是這類研究中最徹底的了。

他們在這麼多年的辛苦中找到了什麼？建構美好的生活的祕密究竟是什麼？什麼東西會使我們持續快樂？我讓維倫特自己來答覆你。下面是他接受《大西洋月刊》（*Atlantic Monthly*）專訪時說的話：

> 在生命中唯一真正有關係的是你跟別人的關係。（The only thing that really matters in life are your relationship to other people.）

七十五年來，唯一始終不變的發現是成功的友誼使生命圓滿。朋友和家庭可以預測人們的快樂，而友誼又是最能預測快樂的一個變項；當人到了中年以後，友誼變成唯一的預測指標了。海特（Jonathan Haidt）是其中一位研究者，他曾非常詳盡的檢視社會化（socialization）和快樂之間的關係。他說：「人類在某些地方很像蜜蜂，我們演化出來住在一個非常社會化的團體裡，假如我們離開蜂巢，前途就堪憂了。」

關係越親密越好。維倫特的一位同事發現，除非這個人有羅曼蒂克的關係，不然他不會進入快樂曲線的前百分之十。婚姻是一大因素，大約有百分之四十已婚的人說他們「很快樂」，只有百分之二十三沒有結婚的人這樣說。

後來有更多研究確定了上述的發現，除了滿意的人際關係，其他可以預測快樂的行為包括：

● 持續的利他行為。
● 列出值得你感恩的清單，這在短期內會帶給你快樂。
● 耕耘一個「感恩的態度」，這會帶來長期的快樂感覺。
● 跟你所愛的人分享新的經驗。
● 當所愛的人輕忽你時準備好「寬恕反射」（forgiveness reflex）。

假如這些事情聽起來像老生常談——很多自我幫助的雜誌都在賣這些點子——下面這句話可能會令你驚訝：「金錢並不會帶來快樂。」年薪五百萬美元的人並不會比年薪十萬的人更快樂，這是《快樂研究期刊》（*The Journal of Happiness Studies*）發現的。錢會增加快樂只有在它使人們脫離貧窮、年薪大約五萬美元的時候，超過這個數字，快樂和金錢就分道揚鑣了。這是個務實、令人寬心的建議：幫助你的孩子找到一個使他至少拿到五萬美元年薪的職業。他不一定要是百萬富翁才會感到快樂，在基本需求被滿足了以後，他們需要很多的朋友和親人。更確切的說是需要手足，例如下面這個故事。

我哥哥是約書亞！

我的兩個兒子，三歲和五歲，在西雅圖一個多雲的早上，在公園的遊戲場跑來跑去玩耍，約書亞和諾亞在盪鞦韆，在草地上打滾，跟別的孩子一起喊叫，每個人都像小獅子在練習捕捉獵物那樣打來打去。突然之間，兩個霸凌者把諾亞推到地上，他們大約四歲，比諾亞壯，約書亞像閃電一樣衝到他弟弟的身邊，伸出拳頭，在他弟弟和霸凌者之間跳躍，他咬著牙大聲吼道：「不准欺負我弟弟！」受到驚嚇的小流氓馬上走開了。

諾亞不但放心了，他還高興得要命，他抱著哥哥，然後圍著他繞圈圈，用盡他的力氣大聲喊道：「我哥哥是約書亞！」要所有人都聽見。約書亞做完好事後回到他的鞦韆上，滿臉笑容。那真是一齣令人看了高興的短劇，他們的保母大聲喝采。這個故事的重點是快樂——一個來自很親密的關係所得出的快樂。諾亞當然非常快樂，約書亞顯然也很滿意。手足競爭是會發生，但是這種互助利他的行為也是常常有的。在那當下，這兩個孩子適應得很好、很快樂，你從這個像電影內容的事件中可以看出。

幫助孩子交朋友

這個交到好朋友、有好的人際關係的發現，大大簡化了我們如何養出快樂孩子的問題。你需要教你的孩子如何有效的交到朋友、如何維持友誼，假如你要他們快樂的話。

你可能已經想到了，要有一個社交上成功的孩子，你需要一些材料，我選了兩個最有神經科學支持的、最能預測社交能力的條件：情緒調適（調節）和同理心。

◆情緒調節：多好

經過幾十年的研究，耗費了幾百萬美元後，科學家找到了這個事實：我們跟好人比較容易維持深遠、長久的友誼。媽媽是對的，那些體貼、仁慈、敏感、外向、願意配合、願意原諒別人的人會有很深的友誼，而且可以維持很久（離婚率也比較低）。沒有人喜歡跟陰晴不定、衝動、粗魯、自我中心、不能變通和主觀意見強烈的人交朋友。這些負面的項目也會影響一個人心理的健康，使他們不但朋友比較少，而且容易得憂鬱症和焦慮症。這些發現跟哈佛研究的結果相符合，有這些情緒負債的人是世界上最不快樂的人。

陰晴不定、粗魯和衝動，聽起來很像出了毛病的執行力控制，這是部分原因；但是問題其實不只於此，這些人不會調控自己的情緒。要解釋清楚這個概念，我們先要回答一個基本的問題：

什麼是情緒？

你可以把下面這則小故事放在「照我講的做，不是照我做的做」（Do as I say, not as I do）的檔案裡：

昨天晚上我兒子把他的奶嘴扔在地上，我很累了，很挫折，所以我說：「不准丟東西！」

我把奶嘴撿起來，丟還給他。

或許她的兒子不想去睡覺，所以故意把奶嘴丟在地上。媽媽已經告訴我們她很累、很挫折，你說不定還可以加上「憤怒」兩個字。這短短的一段話中，透露出很多的情緒。他們到底經驗到什麼？我的回答可能會讓你很驚訝：科學家不知道。

學術界關於情緒是什麼有很大的爭議，部分原因是在大腦中，情緒不是那麼容易看得到。我們通常區分有組織的「硬」思考，如解微積分，和沒有組織的、隨意變動形狀的「軟」情緒，如經驗到挫折或感到快樂。當你檢視大腦時，這個差異消失了。大腦裡有產生情緒和處理情緒的地方，也有產生認知分析的地方，但是它們是交錯在一起的，動態、複雜聯盟的神經元網絡用非常綜合和驚人適應的形態，送出電流訊號到情緒和認知分析的地方，你不知道哪個是情緒，哪個是分析。

為了我們的目的，我們必須先不去管情緒是什麼，而先聚焦到情緒可以做什麼。了解它，就容易找到調節情緒的策略了，這是維持健康友誼兩個要件中的一個。

情緒追蹤我們的世界就像機器戰警追蹤壞人

我最喜歡的一部科幻電影《機器戰警》（*Robocop*），對情緒就有很好的定義。一九八七年，美國的底特律是一個非常糟、犯罪橫行的城市，那個時候（現在也是）亟需一個英雄出來打擊犯罪，這個英雄是用一名警官（影星彼得・威勒〔Peter Weller〕飾演）的殘軀打造成的電子人機器戰警，專門抓壞人。在一個場景裡，他掃瞄一個壞人和好人雜處的空間，你從機器戰警的眼睛裡，看到他數位化的把壞人貼上標籤，準備收拾他們而不會傷害到好人；然後，對準標籤開槍，壞人一個個倒地，他只殺壞人。

這樣子的過濾正是情緒在大腦所做的事。你可能把情緒想成是跟感覺一樣的東西，錯，它們不是。在教科書裡，情緒只是神經迴路的活化，把我們視覺的世界分成兩個類別：我們要注意的事和我們可以安全的忽略的事。感覺是從這個神經迴路活化所產生的主觀心理經驗。

你看到這跟機器戰警眼中軟體的相似性了嗎?當我們掃瞄外面的世界時，我們也在貼上標籤，有些是等一下要處理的，有些是不必去管它的。情緒就是標籤。另一個方式是這樣想：情緒就像便利貼（Post-it），叫大腦要注意它。我們的大腦會對那些立即危害到我們生存的東西貼標籤——包括威脅、性和模式（pattern，我們認為以前看過的東西）。因為大部分的人不會對每一樣東西都貼上標籤，情緒就幫我們分出處理的先後次序了。舉個例，我們同時看到歹徒拿槍對著我們以及歹徒所站的草地，我們對草地不會有情緒反應，我們對槍會有情緒反應。情緒提供了一個重要的知覺過濾能力，使我們存活下去；它使我們的注意力固定在跟生存有關的刺

情緒就像便利貼，叫大腦要注意它。

激上，幫我們下決定。孩子調節情緒的能力要一陣子後才會如你預期的發展出來。

為什麼要哭？哭使你對它「貼」標籤

在我們把兒子抱回家後的頭幾個禮拜，約書亞似乎只做幾件事：哭、睡，還有就是排泄。他會在凌晨時醒來，一直哭，我抱起他、把他放下都只會使他哭得更大聲，我不免想：嬰兒只會哭嗎？然後，有一天我提早下班回家，我太太把約書亞放在推車中，當我走向他們倆時，約書亞看到我，他好像突然認出我來，給了我一個大大的微笑，有力到幾乎可以支持賭城一個小時的用電量！然後很專注的看著我。我簡直不能相信，我大叫，伸出手去抱他，這聲音太大、動作又太突然了，他立刻放聲大哭，然後大便在尿布上，唉！

我的無法解讀約書亞，並不表示他或任何嬰兒只有單向的情緒。剛出生的頭幾個禮拜，他的皮質和邊緣系統的神經元都在劇烈活動，稍後我們馬上會討論這兩個結構。六個月大時，一個典型的寶寶可以經驗到驚訝、厭惡、快樂、悲傷、憤怒和恐懼，但是寶寶缺乏過濾器。哭是讓父母貼標籤的最有效方法，父母的注意對生存很重要，所以寶寶在害怕、飢餓、驚嚇、太過興奮、寂寞或其他任何情況下，就是哭。哭使父母注意他，於是他在剛出生的頭幾個星期就哭個沒停。

大的感覺讓小小孩迷惑

寶寶那時還不能說話，他們非語言的溝通系統要很久後才會和語言溝通系統連結上，現階段用語言去標籤情緒的能力還未出現，而這能力對情緒調節很重要。

所以直到他們習得語言之前，存在他們小小腦中的其實是一團混亂，這種無法正確表達情緒的挫折感在剛學步的幼兒身上最顯著。小小孩可能覺知不到他們所經驗到的情緒，他們也不了解怎麼用社交上正確的方法把情緒讓別人知道，結果就是有時孩子會大發脾氣；當他覺得悲哀時，他表現出來的是憤怒，或是沒有任何理由的心情不好，怎麼做都不能使他開心。有的時候，小小一件事會引發一堆情緒出來，這些情緒和照顧他的人的感覺會使他覺得太巨大、無法控制，這時孩子會感到驚怕，而這個驚嚇只會更放大這個效應。

因為孩子常常間接的表達他的情緒，所以你必須把環境考慮進去，才能解讀他的行為。假如你認為父母需要很注意孩子發脾氣的情緒情境才能了解他的行為，你是百分之百正確。

情況慢慢會穩定下來，大腦負責處理和調節情緒的地方會自己連接起來，像青少年的熱線電話那樣喋喋不休。問題是這情形並不是馬上發生，這工作一直要到孩子要申請大學助學貸款時才完成。雖然它花了這麼長的時間，但是建立「溝通流」是非常重要的。

一旦它成熟了，下面就是情緒調節應該做的事：假設你跟朋友在看音樂劇《悲慘世界》（*Les Misérables*）中一段很令人感動的戲，你聽到主角在唱〈帶他回家〉（Bring Him Home），你會知道兩件事：(1)當你哭時，你會發出抽噎的聲音；(2)這場戲會使你失態。為了使自己不會難堪，你重新評估這個情況，你坐在位子上聽這首歌，同時努力壓抑你的眼淚，你成功了。這個駁回就是情緒調節。哭本來沒有錯，但是你了解在這個社會情境之下，這個哭的行為不太合適，所以你把它壓抑下來。能夠知道在什麼場合該做出什麼行為的人，通常會有很多朋友。假如你要你的孩子快樂，你必須花很多時間教他如何、以及何時去過濾他的情緒。

◆情緒在大腦的什麼地方

「它亮起來了！」一個小女孩高興又恐懼的尖叫著。「噢！我可以看見牠的大螯！」她身後的一個小男孩說。「這是牠的倒鉤。」另一個女孩說。這時，另一個男孩回答說：「噢，牠看起來很像你姊姊的鼻子！」接著是一陣推擠。我笑了，我身旁圍了一群三年級的小朋友在博物館戶外教學。他們很驚奇蠍子在黑夜中身體會發光。

這隻蠍子是這間博物館的賣點，一隻大蠍子寂寞的蹲在一塊大石頭上，動也不動，這塊大石頭是在一個金魚缸中，而金魚缸的位置在孩子們的肩膀上方，使學生看得見但摸不著。上頭有紫外線的燈照著，蠍子就像在黑暗中發光的節肢動物之王；或者假如你是一個大腦科學家，你會說它像大腦中最複雜的一個結構之一——那個產生並處理我們感情的地方。

請想像一下，這隻蠍子懸空吊在你大腦的中間，大腦有兩個腦半球，或叫腦葉，你可以把它想像成兩個金魚缸，但有一部分是相連的。我先來解釋這個金魚缸，再來談蠍子。

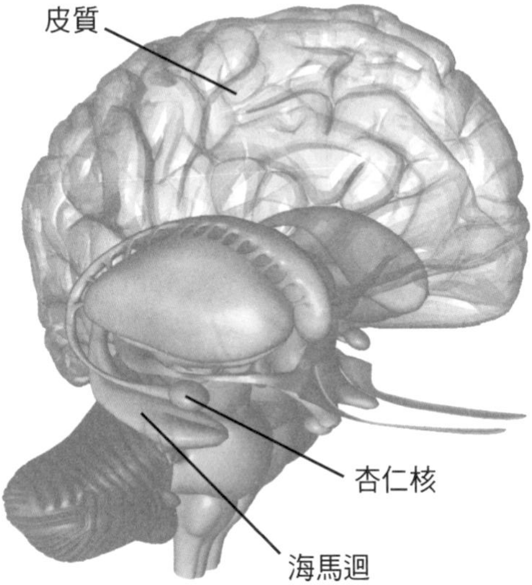

皮質：感覺和思想

相連的金魚缸就是大腦主要的腦半球，邏輯上，我們叫它左、右腦半球；每一個腦半球上面都覆蓋著一層神經元和分子所組合的皮質。皮質只有幾個細胞原，世界上沒有任何一種動物的皮質像我們一樣，就是這個皮質使我們成為人。在大腦皮質的許多功能之中，我們的皮質做的是抽象思考（就像做代數），它同時也處理外在感覺的訊息（如看到美洲虎來了），但是我們不會覺得被代數或老虎所威脅，因為感受到威脅是蠍子的工作。

杏仁核：情緒的記憶

這隻大腦的節肢動物（譯註：作者指的就是蠍子形狀的大腦結構，蠍子是八隻腳的節肢動物）是邊緣系統（limbic system）的一部分，這隻蠍子的螯叫做杏仁核（amygdala），左右腦半球各有一個。因為它的形狀看起來像杏仁，所以叫做杏仁核。杏仁核幫助我們產生情緒，並儲存跟情緒有關的記憶。在真實世界的大腦中，你不會看見蠍子的形狀，它的邊緣地區被別的結構包圍起來了，包括一個不能穿透的厚細胞連接，從金魚缸表面的每一公釐處垂掛下來。但是杏仁核不是只跟你的皮質連接，它跟調節你的心跳、你的肺及控制你運動能力的地方都有連接。情緒分布在大腦的很多地方。

到現在為止，還能了解吧？下面就要變得更複雜了。

真是喋喋不休

杏仁核的中間有條很粗大的神經迴路，連接到大腦中一個叫腦島（insula）的地方。這是大腦中央一個非常小的區域，但是這個發現很重要：腦島加上杏仁核的幫助，創造出一個跟我們眼睛、耳朵、鼻子、手指尖送進來的感覺訊息有關的主觀的和情緒的情境。這是怎麼產生的？我們完全不知道，我們只知道腦島從身體的各部位蒐集溫度、肌肉張力、搔癢、觸覺、痛、胃的酸鹼值、小腸的張力及飢餓感的知覺，然後它跟杏仁核聊它手邊的訊息。有些研究者認為，這個溝通是蒐集頭部以下訊息為何這麼重要的原因，因為它創造出我們情緒的狀態，它也可能跟某些心理疾病有關，如厭食症（anorexia nervosa）。

你於是得到這個印象：這隻蠍子喋喋不休。這個連接就像電話線一樣，使這個部分的大腦可以聽到其他地方的大腦在說些什麼，其實間接的也讓大腦知道身體每個地方在說什麼。這表示情緒的功能遍布在整個大腦。

杏仁核如何學習去製造情緒？它為什麼需要這麼多的神經區域來幫忙？這也是個謎。我們知道大腦有它自己的時刻表把每個區域連接起來，有的時候甚至花上幾年的時間（你曾經看過一個自私的小男孩轉變成一個體貼的紳士嗎？有的時候，它需要的就是時間而已）。

◆同理心：人際關係的黏著劑

跟調節情緒在一起的另一個與交朋友有關的能力，就是能夠看到別人的需求、感受到別人的痛苦的同理心。同理心在你孩子的社會能力上扮演很重要的角色：同理心使你交到好朋友。要有同理心，你的孩子必須先培養出窺視別人內在的心理狀態、正確的了解那個人行為的獎懲系統，然後以仁慈和了解來回應的能力。外在同理心的表現可以幫忙鞏固彼此的友誼，為他們的互動提供長期穩定的基礎。請看下面母親和女兒之間的故事：

我一定要學會在家時不要那麼口無遮攔。我正在電話上跟莎莉抱怨我的老闆是多麼討厭（how much of a pain in the butt my boss is）時，聞到尿布疹藥膏的味道，然後我感到有人在掀我的裙子，我親愛的兩歲女兒打開了一管尿布疹藥膏 Desitin，正往我的臀部塗抹。我問：

「你在幹什麼？」她說：「沒什麼啊，媽咪，我在幫你消除屁股上的痛痛。」（譯註：pain in your butt 是句美國俚語，就像屁股痛，坐也不是、站也不是，甩不掉又治不好；老闆像屁股痛一樣，但小孩子不懂俚語，把它做字面解釋了）我真的很愛這個孩子，我可以把她抱得好緊好緊，直到她炸開！

請注意這個小女孩的同理心如何使她媽媽愛她愛得要死。**同理心把人們結合在一起**，這種同理心的互動有個名字，因一個人真正為另一個人高興或為她悲哀時，我們說他們在做一個「動作—建構行為」（active-constructive behavior）。這個行為力量大到它不只是使父母子女在一起，同時也使先生太太在一起。我們在〈婚姻關係〉那一章中談過同理心在轉型到為人父母時所扮演的角色。假如你婚姻中的「動作—建構行為」與「毒性—衝突互動」（toxic-conflict interaction）比為三比一，你不會離婚。最好的婚姻是五比一。

鏡像神經元：我感受到你了

同理心背後的神經機制是鏡像神經元（mirror neuron）。我小兒子第一次到醫院去注射預防針時，醫生在針筒中裝滿了藥水正要打，我憂慮的眼睛跟隨著他的動作，小諾亞感覺到有些不對勁了，開始在我的手臂中掙扎；他才正要接受他的第一次預防針，他就已經不喜歡了。我知道下面的幾分鐘會是極痛苦的，我太太很不喜歡打針，她小時候的小兒科醫生請的護士有巴金森症，所以她對打針有極不好的經驗，而且老大的預防針是她帶去打的，所以現在輪到我，她坐在外面的候診室，沒有進來。這回全靠我把諾亞的手臂緊緊抓住，好讓醫生替他打針。這應該不是什麼了不起的事，我對打針很熟，在我的研究生涯中，我把無數的病原打進老鼠的身體。但是這次不一樣，諾亞的眼睛牢牢地盯著我，醫生把像地獄來的蚊子似的針頭注射到他身上。我孩子臉上是被背叛的表情，他的額頭皺起來，開始大哭；我也是，只是沒有出聲而已。不知道為什麼，我覺得我是個失敗者，我甚至覺得我的手臂在痛。

這完全要怪我的大腦。當我看到諾亞在痛時，媒介**我的**手臂痛的經驗的神經元也突然活化起來，我並沒有被針扎，但是大腦不管這些，我看到了這件事，經驗到了我所愛的人的經驗，所以我的手臂也痛起來了。

鏡像神經元像星星一樣散布在大腦各處，當我們看到另一個人的經驗時，在記憶和情緒歷程啟動時，同時也徵召它們。這個像鏡子一樣功能的神經細胞有許多形態，我這次經驗到的是跟極大痛苦有關的鏡像神經元，我同時也活化了掌管我的手臂要從痛苦情境抽回的運動神經元。

其他的哺乳類也有鏡像神經元，事實上，鏡像神經元是義大利研究者想要知道猴子如何撿一顆葡萄乾起來吃時發現的。研究者注意到大腦某個區域不但在猴子撿起葡萄乾時活化，在牠看見別的猴子拿起葡萄乾時也活化起來：這隻猴子的大腦在「鏡像」這個行為。在人類大腦中，某些神經元不但在你撕一張紙時活化起來，在你看到瑪莎姑媽撕一張紙時也同樣活化起來，連當你聽到這個句子「瑪莎姑媽在撕一張紙」時，它也活化起來。

這就好像你的大腦跟別人的心理經驗有直接的連接。鏡像神經元使你用「感同身受」的方式去了解所觀察到的行為，雖然你不是親身經驗它。它聽起來很像同理心，鏡像神經元與解釋非語言線索的能力有很大的關係，尤其是臉部表情及了解別人的意圖。專業上以心智理論（Theory of Mind）來解釋了解別人的意圖，有人認為心智理論的技術是同理心背後的機制，我們在〈道德寶寶〉那一章中會詳細的解釋它。

並不是所有的科學家都同意鏡像神經元在複雜的人類行為——如同理心和心智理論——上所扮演的角色。它有很多可以爭辯的地方，我也認為需要更多的實驗來證明同理心有更深的神經生理根源。

一種不平均的能力

因為這種神經元很容易測量到，因此，我們可以問：是否每個孩子都有同樣的同理心能力？答案是「不是」。自閉症的孩子就不能偵察到別人臉上情緒的改變，他們不能從別人的臉去猜測別人的內心，他們不知道別人的動機也不能預測別人的意圖。有些研究者認為他們缺少鏡像神經元的活動。

即使不是自閉症，這個同理心的能力也因人而異。你可能認識有高度同理心的人，有些人對情緒理解就像糞土一樣。他們是天生就這樣的嗎？雖然分離出社會和文化的影響很困難，可能同樣難的是回答這個問題。

神經的結構顯示孩子的社會技巧有一部分是父母不能控制的，這樣說有點大膽，但是你的下一代快樂的程度可能有一些基因上的關係，這有點嚇人的說法值得仔細的檢驗。

快樂或悲傷有基因上的關係嗎？

我母親說我生下來就在笑，雖然我出生時，攝影機（和父親）都還沒有進產房陪產，我的確有一個獨立的方式來檢驗我母親的觀察。接生房裡的小兒科醫生留了一張紙條給我母親，她保留了下來，我到現在也還有這張條子，這紙條上寫道：「這個寶寶好像在笑。」

這真的很奇怪，因為我的確喜歡笑。我非常樂觀，我總是認為事情最後一定會解決，雖然我沒有任何的證據可以支持我這個態度。我的杯子永遠是半滿，即使這杯子會漏水。這個樂觀的先天性救了我好幾次，因為我有精神疾病的基因。假如我生下來就會笑，那麼我是否生下來就快樂呢？當然不是。大部分的嬰兒生下來是哭的，而這並不表示他們生下來就是憂鬱的。

但是快樂和悲傷的傾向有基因上的關係嗎？塞利格曼（Martin Seligman）是二十世紀最受尊敬的心理學家，也是第一個找出壓力和臨床憂鬱症有直接關係的人。他的博士論文就是著名的「

習得的無助」，他後來轉換跑道去研究「學習樂觀」（learned optimism）或許跟這篇論文有關。

快樂恆溫器

做了很多年樂觀的研究後，塞利格曼下結論說，每個人來到這個世界時，都有一個快樂的「平衡點」（set point），它類似行為自動調溫器（behavioral thermostat）。他的這個觀點來自明尼蘇達大學的行為基因學家賴肯（David Lykken）。有些孩子平衡點生來就定得很高，所以不管環境怎樣，他們都很快樂；有些孩子的平衡點生來就定得很低，不管生在什麼樣的環境中，他們就是很沮喪。大部分的人是在兩個極端之間。

這聽起來有點像決定論（deterministic），它的確是。你可以將指針移動個幾度，但是每個人多半是停留在上天給他設定的標準附近。塞利格曼發展出一個快樂方程式（Happiness Equation）來測量人有多快樂，它是平衡點加上你生活的某些情境，再加上你自己可以控制的因素的總和。

當然不是每個人都贊同這個公式，它引起很多很嚴厲的批評。有一些證據支持這個平衡點的想法，但是還需要更多的實驗。到目前為止，在大腦中沒有找到一個地方是專門調節快樂，或掌管快樂的，在分子生物學的層次，研究者還未分離出「快樂」基因或是它的調節者。我們會在本章結束前仔細討論基因的關係。

這些研究——從第十九號寶寶開始——都顯示基因在快樂的經驗上扮演重要的角色。

氣質天生

幾百年來，父母早就知道每個孩子生來氣質就不同。研究十九號寶寶的凱根是第一個證明這一點的人。人類的氣質是一個複雜的、多面向的觀念，它是孩子對外界事件情緒和行為反應的特質。這些反應是相當固定、不易改變的，也是天生的，你可以在你的寶寶剛出生時觀察他，便可以看到。很多父母會把性格（personality）和氣質（temperament）相混淆，但是從研究的觀點，它們是不同的東西。實驗心理學家常用易變不定的術語來描述，如行為主要是受到父母和文化因素的影響。性格受到氣質的影響就像房子受到地基的影響一樣，很多研究者認為氣質提供了情緒和行為的建材，使性格可以在上面建構。

高反應和低反應

凱根對某個層面的氣質特別有興趣：當寶寶接觸到新東西時，他們的反應是什麼。他注意到大多數寶寶會瞪著新玩具看很久，很好奇，但是有些寶寶不喜歡新東西的闖入，會愛哭。他找出這些比較敏感的寶寶，追蹤他們到長大成人。一號到十八號的寶寶屬於第一種模式，有些低反應的氣質，是沉靜型的；十九號寶寶就完全不同了，她和其他跟她很像的寶寶是高反應氣質的。

凱根在他最著名的實驗中發現，他們外表的行為沒有什麼變。這個實驗到現在仍在進行，凱根已經退休了，由他的年輕同事接手。這個實驗有五百名寶寶參加，從寶寶四個月大開始，把他們分成高反應和低反應兩組。等他們長到四歲、七歲、十一歲和十五歲時，再測量他們。凱根發現高反應的寶寶在四歲時，抑制行為就已經比控制組多四倍，顯現出十九號寶寶的行為來；到七歲時，一半的高反應寶寶已發展出焦慮症的一些症狀，而控制組只有百分之十。在另一個研究的四百名寶寶中，只有百分之三的寶寶在五年之後改變行為，凱根把這個叫做氣質的長陰影（long shadow of temperament）。

你會有個焦慮的寶寶嗎？

我的同事有兩個女兒，在我寫這本書時分別是六歲和九歲，她們的氣質和凱根的寶寶真是相似度百分百。這個六歲的孩子是個陽光女孩，一點都不怕生，喜歡冒險，對自己很有信心；她會衝進全是陌生孩子的遊戲室，馬上去找一個孩子說話，眼睛巡視一下環境，鎖定一個洋娃娃，玩上幾個小時。她的姊姊則正好相反，她小心翼翼、戒慎恐懼的踮腳尖輕輕的走進同一個遊戲室，很不情願的離開母親身邊，然後找個安全的角落坐下；她對探索沒有任何興趣，幾乎沒有跟任何人說話，假如有人要和她說話，她會看起來很害怕的樣子。我的同事有他自己的十九號寶寶。

你也有一個嗎？你的機率是五個裡面有一個。在凱根的研究中，高反應寶寶佔百分之二十。但是一個高反應的寶寶後來會怎樣，卻決定於很多其他的因素。每個大腦的設定都不一樣，所以每個大腦對同一行為的反應也不一樣，這是很重要的一點。除此之外，高和低的反應只是氣質的一個向度而已，研究者看的不是一個向度，他們從壓力種類到注意力廣度、到社會化能力、到活動程度、到調節身體功能，看所有的東西，凱根的研究結論只是傾向，不是命運。這些數據不能預告這些孩子後來會變成什麼樣的人，就像它只能預告他們**不會**變成什麼樣的人一樣。高反應的寶寶不會長大成陽光、外向、大膽的孩子，朋友的大女兒永遠不會變成小女兒。

假如你的寶寶是高反應的，怎麼辦呢？她或許看起來很難帶，但是沒有關係，凱根注意到，這些孩子在學校成績很好，雖然他們多愁善感；而且他們會交到很多的朋友，他們不太會去嘗試毒品、未婚懷孕或亂開車。我們認為這是因為焦慮導向需要補償的機制，凱根就專門僱用高反應者做他的研究助理。他告訴《紐約時報》（*New York Times*）的記者：「我都是用高反應者，因為他們執著、不犯錯，當他們在登錄資料時，都很小心。」

為什麼小時候愛哭鬧、不好帶的寶寶，長大後會比較符合父母的期望，社會化得比較好，得到比較好的成績呢？因為他們對環境比較敏感，只要你在孩子成長時，扮演一個主動的、有愛心的行為塑造者，即使頑石也會點頭，他們都會正常的成長。

設定氣質的不是單一基因

所以你會看到氣質是一出生就有，在成長的過程中很穩定，這是否代表氣質是全部由基因控制的呢？幾乎不是。就像我們在〈懷孕須知〉那一章中所看到在暴風雪中出生的孩子一樣，你可以增加母親的壓力荷爾蒙而製造出一個有壓力的寶寶，這裡是沒有基因的成分的。基因只是科學上的問題，還不是科學上的事實。令人高興的是，科學家已經在研究它了。

雙胞胎的研究發現，並沒有單一基因負責寶寶的氣質（基因的研究幾乎全部都是從雙胞胎做起，最理想的就是一出生就被兩個不同家庭養育的雙胞胎）。當你檢視同卵雙胞胎的氣質時，他們相似性的相關是〇・四，這表示可能有一些基因的成分，但不是全部。異卵雙胞胎和兄弟姊妹的相關是從〇・一五到〇・一八，更是非決定性（譯註：異卵雙胞胎在基因上跟兄弟姊妹一樣，但是成長的環境相同）。

不過科學家倒是分離出幾個基因可能可以解釋發展心理學上一個很令人困惑的現象，就是為什麼有人碰到打擊可以反彈回來，有的人就倒下了。

一個孩子怎麼可能經歷過這些苦難而最後仍然長大無恙？

南蘇丹（South Sudan）是世界上最新成立的一個國家，它的內戰製造出所謂「蘇丹的失落男孩」（Lost Boys of Sudan），他們的故事都很相似。

在戰爭期間，家庭遭受到不可想像的苦難，使得二萬名男孩流離失所；有些是

> 研究顯示小時候愛哭鬧、不好帶的寶寶，長大後會比較符合父母的期望，社會化得比較好，成績也比較好。

故意為之，家人鼓勵孩子離開家，害怕他們會被抓去當兵，有些是父母被殺害，沒有家了。這些孩子在戰區流浪，沒有任何的生活支援，甚至長達好幾年，許多孩子死於疾病，被野獸吃掉或成為罪犯。你絕對不會想到這些孩子中有一個居然從密西根州立大學拿到公共衛生的碩士學位，然後回到蘇丹去開診所。

然而這正是發生在亞騰（Jacob Atem）身上的事。亞騰從肯亞的難民營逃到衣索比亞，十五歲時，他跟隨著一群失落的男孩來到美國，後來回到蘇丹開設診所，每天治療上百名病患。經過這種暴力苦難的人怎麼可能還能再站起來？是什麼因素使亞騰不但沒有枯萎反而變成他向善的力量？蘇丹失落男孩聯盟（Alliance for the Lost Boys of Sudan）的創辦者赫克特（Joan Heckt）覺得她知道。《紐約時報》在報導亞騰的故事時，引用了赫克特的話：「許多這些孩子都有『內在的力量、內在的信仰和內在的成功驅力』，要把榮耀帶給他的家族，光耀門楣成為強烈的動機，使他們離開安全舒適的美國，回到他們的故鄉去幫忙。」

我們怎麼解釋像亞騰這樣的人呢？最簡單的答案就是我們不能。大部分的孩子在這種情況下會重蹈父母的覆轍，但是不是全部。像亞騰這樣的孩子幾乎有一種超自然能力可以從逆境中站起來，有些研究者花了畢生的時光想找出這個祕密，基因學家最近也加入這場奮戰，他們令人驚異的結果代表了今日行為研究的成就。

◆三個回彈的基因

人類的行為幾乎全都是基因團隊所決定的，這個基因團隊就像所有的團隊一樣，有主要的成員，也有附屬的成員。雖然這個研究還很初期，但是有三個基因值得我們注意，它們在塑造孩子的氣質和性格上，扮演了重要的角色。

慢的MAOA：從創傷的痛苦中學習

遭受過性侵害的孩子，如米洛的姊姊，將來酗酒的機率比別人高了許多，這是一個研究者早已知道的事實。他們也比較容易得到「反社會人格疾患」（antisocial personality disorder）。但是假如這孩子有一個基因的變異，叫MAOA（monoamine oxidase A）的話，他們就**不會**有反社會人格。這個基因有兩個版本，一個叫「慢」（slow），一個叫「快」（fast）。假如這孩子有慢的MAOA，她對她童年的那些悲慘效應就免疫；假如她有快的MAOA，她就會跟我們所知的刻板印象一樣，這個快的MAOA會更加刺激海馬迴以及杏仁核的部分（創傷記憶是保留在杏仁核中的）。這個痛苦太大了，逼著他們從酒精中去尋求解脫；但是慢的MAOA使這記憶和情緒的系統安靜下來，創傷還在那裡，但是已經失去了它們的刺針。

DRD4-7：保護你免於不安全的警衛

缺乏父母庇護或父母情感上疏離、冷漠，這種情境通常使孩子感到不安全，他們會想盡方法去引起大人的注意。但並不是所有這樣經驗的孩子都會覺得沒有安全感。在荷蘭有一組研究者認為他們知道為什麼，有一個基因叫作 DRD4（dopamine receptor D4）。假如孩子有 DRD4 基因中的七號版本，那麼這個沒有安全感就不會產生。就好像這個基因把大腦外面包了一層絕緣材料鐵弗龍，傷害被擋住了，不會進入大腦；如果沒有這個版本基因的孩子就失去保護作用，他們父母的冷漠不關心就會傷害到他們。他們的不安全感比有 DRD4-7 的孩子高出六倍。

長的 5-HTT：抗壓

研究者很早就知道，有些成人可以抗拒壓力創傷，他們可能會沮喪一陣子，但是可以再站起來；也有在同樣情境下的人卻得了嚴重憂鬱症或焦慮症，即使過了幾個月也沒有辦法恢復，有些甚至自殺。這些雙胞胎的反應就像成人版的凱根高／低反應的嬰兒一樣。

基因 5-HTT 是血清張素（serotonin）的傳送基因，跟上述現象有關係。這個基因像部卡車，傳送神經傳導物質血清張素到大腦的各個地方去。它有兩種形式，一個「長」，一個「短」。

假如你有長的 5-HTT 這個基因，你就沒問題。依照你受承受壓力的嚴重性和時間的長短，你的壓力反應在所謂的「典型」範圍（你的自殺危險率低，康復率高）。假如你有短的 5-HTT 基因，你負面反應的機率就高了（憂鬱症，比較長的復原期）。有趣的是，有這種短的 5-HTT

基因的病人同時也難以調節他們的情緒，不喜歡交際，朋友很少。雖然這中間的關係還沒有建立好，不過這種人聽起來很像十九號寶寶。

看起來真的有寶寶是天生對壓力敏感或天生對壓力有抵抗力。我們可以把一部分連到DNA序列上，就表示我們可以負責任的說它有基因上的關係。也就是說，你對你孩子行為能夠改變的能力就像你可以改變你孩子眼睛顏色的能力一樣（譯註：是不能改的）。

只是傾向，不是命運

有些DNA的研究需要更多的研究才能收尾，自圓其說，我們才能承認它是真的；有的需要被重複幾次才能讓別人相信。所有的都是相關而不是因果關係。記住，傾向不等於命運。後天的環境對染色體有很大的影響（下一章會談到這個主題），然而DNA在行為上是重要到值得有它一席之地，即使不總是排頭，它至少是有分量的，它所隱含的意義對父母親來說是驚人的。

對醫藥的美麗新世界來說，父母可能可以要求基因篩選這些行為。知道你的寶寶是高反應還是低反應值得讓醫生去做檢測嗎？父母對待對壓力敏感的孩子顯然應該跟對待壓力不敏感的孩子有所不同，有一天，你的小兒科醫生可能給你這個資訊，而你只要抽點血就可以知道。這種測驗現在還太不成熟，就目前來說，了解你孩子快樂的種子必須從了解你的孩子做起。

重點提示
Key Point

大腦守則

快樂寶寶：種子

- 預測快樂與否的單一可能性是什麼？交到好朋友。
- 學會調節情緒的孩子能交到比較好的朋友，友誼也比較深。
- 大腦中並無單一區域在做調節情緒的工作，散布在大腦各處的神經網路扮演了重要的角色。
- 情緒對大腦非常重要，它像張便利貼，提醒大腦並幫助它辨認、過濾和排出優先順序。
- 你的孩子有多快樂可能有基因上的關係。

第六章 快樂寶寶：土壤

大腦守則

為情緒貼上標籤，可以使強烈的感覺緩和

「不要胡蘿蔔！」兩歲的泰勒尖叫著，因為他的媽媽瑞秋正想用胡蘿蔔來取代他日漸喜愛的甜食。「要餅乾！泰勒要餅乾！」泰勒尖叫著倒在地上，拳頭用力的敲著地板。「餅乾！餅乾！餅乾！」他很生氣的喊著。當泰勒發現有個東西叫巧克力餅乾以後，他整個生活的目標就是吃巧克力餅乾，一次能塞多少進他嘴裡就塞多少。

瑞秋這個超級有效率有組織的行銷主管現在變成全職的家庭主婦，是個幾乎從來不曾發過脾氣或從來沒有找不到她今天該做什麼事的清單的人。但是今天泰勒實在太過分了，而且這齣戲碼無可逃避，如果瑞秋離開房間，泰勒就像個導彈一樣，他會停止哭泣，從地上爬起來去找她，一旦找到她，他又立刻躺到地上耍賴，重新表演剛剛那一套。大部分的時候，瑞秋會很生氣，她會躲起來，把自己鎖在浴室中，或用手指塞住耳朵。她告訴自己，任何情緒——快樂、恐懼、憤怒——還是發洩出來的好，不論是她的還是兒子的。她希望泰勒有一天可以學會控制他的脾氣，但是泰勒的情況越來越糟。瑞秋的情況也是每下愈況，通常早上就開始，所以瑞秋越來越焦慮，越來越不能控制她的情緒，也越來越像她的兒子了。不論是公務或私事，她從來沒有經驗過這種情形。她本來想每天處理當下的情形，但是像泰勒這樣亂發脾氣，她覺得好像好幾天的攻擊同時丟到她身上來。

不論我們前面講到孩子的氣質先天佔多少成分，瑞秋和其他父母都可以做一些事來確定你的孩子會是一個快樂的孩子。我從泰勒發脾氣開始講起，是因為瑞秋對泰勒強烈情緒的反應會**嚴重**

影響他未來的快樂。事實上，她的反應是他將來是個什麼樣的年輕人最大的預測值。它影響他調節同理心的能力，因此他會交不到朋友，這對影響人類快樂的主要因素，這甚至會影響他的學業成績。父母注意孩子的情緒生活，其實就是使孩子快樂最好、最實際的方法，本章就是在解釋這個「最實際的方法」是什麼。

注意力和耐心的乒乓球賽

開始本節討論的最適當人選，就是專門研究孩子情緒生活以及父母如何跟孩子互動的人：莊尼克（Ed Tronick）。

莊尼克有深藍的眼睛，臉上永遠掛著笑容，頭上有一撮白髮。他喜歡看波士頓紅襪隊（Red Sox）的比賽；其實，他從窗口看下去就可以了，因為他的辦公室正好俯視球員進場的入口。他在一九六〇年代是個反戰分子，也是第一個去到祕魯、剛果共和國及其他很多地方跟為人父母者住在一起，研究他們怎麼「做父母」的人。但是他最有名的就是躲貓貓（peekaboo，譯註：雙手遮住眼睛，然後突然把手拿開，露出臉，嬰兒通常會咯咯咯笑），這是父母和孩子牢固親子關係最有效的雙向溝通方式。

下面是從莊尼克的檔案中取出的一個例子：

當遊戲玩到最高點時，嬰兒會突然把頭轉開，開始吸大拇指，然後望著空白的空間，臉上是無聊厭倦的表情。母親停止遊戲，坐下來觀察寶寶……，幾秒鐘以後，嬰兒轉向母親，臉上是邀請的表情，母親微笑著接近他，用高頻率的聲音說：「噢，你現在想玩了！」他微笑著反應，發出咕咕聲。當他們玩上一陣子後，嬰兒又把頭轉開，把手指放進嘴巴裡吸，母親又坐下來等……，嬰兒又轉過頭來……，他們微笑著歡迎對方。

請注意兩件事：⑴這個三個月大的嬰兒有豐富的情緒生活；⑵母親一直在注意他，她知道什麼時候該互動，什麼時候停止。我看過幾十支研究影片是體貼的父母親和他們寶寶之間的互動，所有人看起來都像在進行一場快樂的乒乓球賽。這種溝通是雙向的，通常由寶寶開始，他是主導者。莊尼克把它叫做「協調同步」（interactional synchrony）。注意的、耐心的互動幫助你寶寶的神經結構朝正向發展，使他朝向情緒穩定的方向走。沒有經驗過這種同步互動的嬰兒，他的大腦發展會很不一樣。

在雙手遮住眼睛的這種「躲貓貓」遊戲中，很顯然的，寶寶和媽媽已經形成一個互惠關係（reciprocating relationship）。在六〇年代後期，研究者創造一個名詞來描述這個情形叫「依附」。

依附理論來自研究者發現嬰兒來到這個世界時，其實已經具備很多情緒和關係的能力了。嬰兒一出生就可以表達厭惡、緊張、有興趣和滿足的各種情緒；在六個月之內，他們經驗到憤怒、恐懼、悲哀、驚訝和快樂；再過一年，他們會覺得不好意思、發窘、嫉妒、罪惡感甚至驕傲。這些情緒就像機器戰警的標籤（你也可以用便利貼，假如你比較喜歡這個名詞的話）告訴大腦：「注意這個！」不同的孩子貼不同的事情，它就像一個初生嬰兒看到爸爸的鬍子，一個嬰兒不喜歡穿襪子，或是一個幼兒喜歡或害怕狗一樣，是隨機、每個人貼的標籤不同的。知道你的孩子的標籤是什麼（就是他們對什麼會有情緒的反應），然後對這個認識做特殊的反應，這種方式不但是依附過程的一部分，更是使孩子成為快樂的人的最大祕密。

我們在〈婚姻關係〉那一章中有談到嬰兒天生就有能力知道什麼跟演化的生存有關，這是一種特別有用的技能，因為嬰兒是無助的，他需要跟餵食他的人很快地建立一個安全的關係。大部分的成人都會被嬰兒所感動，所以這個關係很快會變成彼此貼標籤。當這個雙向的溝通牢固後，嬰兒就完成了「依附」。依附是寶寶和大人之間互惠的情緒關係。

這個依附的關係透過父母對嬰兒在生命初期照顧和注意他的經驗，變得越來越強大、越來越親密（在這個階段，基因扮演重要角色）。假如這個連結（bonding）的歷程不順利，寶寶就沒有安全感，這種孩子長大不快樂，他們在社會責任的測驗上，分數比安全依附的孩子低了三分之二。他們長大以後跟別人的關係，比有安全依附的孩子情緒衝突高了兩倍，比較沒有同理心，比較容易被激怒，他們的學業成績也比較差。

依附需要多年的養成

媒體錯誤的解釋了依附理論，他們以為寶寶像個強力膠，幾秒之內不趕快做，以後就來不及了。所以寶寶一生下來要趕快跟媽媽黏在一起，趕緊放在媽媽的肚皮上，在強力膠乾掉以前趕快完成，這種迷思現在還流行。

一個同事告訴我，他剛剛做完一場依附理論的演講，就有一位女士蘇珊對他說：「我不知道該怎麼做。」蘇珊幾個月前剛生第一胎，因為難產，她生產完後筋疲力竭，大睡了一覺，「我睡過了我的依附期，怎麼辦？」她的眼淚開始流下來，很驚慌。「我的寶寶還會喜歡我嗎？」她很擔心她跟寶寶之間的關係會永遠受損。她聽到一個朋友說有間產房貼了一張布告：「請勿將嬰兒與母親分離，直至親子連結完成後方可。」天哪！真是胡說八道、亂扯一通！

我的同事安慰她說她沒有造成任何傷害，不要擔心，她可以期待未來許許多多相互滿足的育嬰娛嬰時光。

依附其實更像慢乾水泥。嬰兒一出生就開始發展彈性的工作模式，了解人們怎麼產生關係；他們利用這個資訊再去找出生存之道，父母當然是他們人際關係的第一個目標。透過這種互動所形成的關係是經過時間慢慢發展出來的，差不多要兩年或兩年以上。長期持續注意寶寶的需求，尤其是在生命的初期，會養出快樂的孩子來。

教養子女不是娘娘腔的事

經常跟孩子玩是否就可以使孩子成為一個快樂寶寶？還不夠。你可能必須跟你三個月大的寶寶互動，但是這還不足以使他成為一個快樂的公民。孩子會長大，這個歷程會改變他們的行為，使他們跟所有人的關係都變得更複雜，做為父母，你必須適應這個改變。

為人父母是一種絕妙的經驗，但絕不是容易的經驗，這個行為的改變有多劇烈呢？請聽這些父母的自白：

✧ ✧ ✧

我的寶貝女兒怎麼一夜之間就變成可怕的三歲惡魔了呢？今天她告訴我她不喜歡我，要拿刀刺我。她想去踩十四個月大寶寶的手指，而且突然間說了一句：「該死的！」

我剛剛對五歲的孩子吼叫，我講了好幾次，叫他不要跑來跑去，因為我在清理房子，東西四散在地上，他和他妹妹會一直絆倒。他笑著看著我繼續跑，好像一場比賽，而我輸了。我試著給他一些事做，叫他幫我的忙，但是他不要，他只要跑來跑去，我便失去耐性吼了他，然後覺得很難過。但是，當好好說他不聽時，你該怎麼辦？

你可以感受到這些可憐媽媽心裡的感覺，但是講髒話的三歲孩子和不聽話的學前兒童幾乎一定會出現在你的未來，別忘了還有這個：

我替三歲的女兒梳頭，她看了鏡子裡的自己後，跟我舉起大拇指說：「幹得好，馬子！」

這種奇怪的聖徒／罪人行為組合，常常在「可怕的兩歲」（the terrible two）中出現（雖然三歲、四歲也會這樣）。到寶寶兩歲時，爸爸和媽媽的角色開始轉變，從哄他的照顧者和超級大玩偶，到執行規則、頭髮都要扯光、數到十再發脾氣的**父母**了。這個轉換是很自然的，隨之而來的挫折也是很自然的，大部分的家長在這階段跟他的孩子學到很多，包括原來自己的耐性這麼少。罵孩子是免不掉的，但是假如你想要有一個快樂的孩子，怎麼罵是有關係的。

一個很棒的孩子

我們在談的是哪一種小孩？我想起我的高中同學道格拉斯，他非常聰明，數學非常好，而且辯才無礙，什麼事都做得很好，還代表畢業生上台致詞。他的運動能力也很傑出，是美式足球的外接員。他很有自信，臉上總是掛著笑容，動作優雅，有著頂級的樂觀。最難得的是他很謙虛，這些條件使他成為學校的大紅人，從外在表現看來，他聰明、有能力、有動機、人際關係良好、**快樂**，這一切都是演戲嗎？還是他的生理跟別人不一樣？

很多資料顯示，像道格拉斯這樣的孩子是出類拔萃、與眾不同的。他們調節自主神經系統的潛意識能力，顯現出破表的穩定性。道格拉斯代表著世界上最棒的孩子，他們：

- 有比較好的情緒控制，比較快使自己冷靜下來。
- 有最高的學術成就。
- 有最大的同理心反應。
- 對父母忠誠，達到父母最大的期望，這個服從來自他跟父母的關係密切，而不是恐懼。
- 比較少兒童憂鬱症和焦慮症。
- 比較不生傳染病。
- 比較沒有暴力傾向。
- 有很多朋友，並與朋友有深厚的友誼。

最後一項使他們人生快樂。這些發現使得不只一個父母親問下面的問題。

◆「像這樣的孩子哪裡找?」

道格拉斯的父母親並不是心理學家，他們家開一間小型的超級市場，父母結婚二十年，彼此恩愛，但是他們顯然做對了某件事。

研究者想知道如何養出像道格拉斯這樣的孩子來。在沒有辦法像做實驗一樣隨機安排、長期追蹤的情況下，實驗者退而求其次，他們去研究製造出很棒孩子的家庭，然後分析他們的父母做了什麼事，使他們的成果如此豐碩。他們在想，或許經過比較後，可以找出這種家庭的共通性。換句話說，是否某一種的教養方式跟孩子的傑出有相關？

結果的確有。雖然這些資料是相關，不是因果，但是是很實在的相關。不論種族、收入，有著很棒孩子的父母都一直重複在做相同的事。我們可以說每個快樂的孩子看起來都很像，而父母基本的教養方式也很像。我們現在知道如何送你到那兒去了。這個研究在統計上很複雜，但是我會向美國有名的大廚師佛雷（Bobby Flay），要一套食譜來幫助你了解，他的食譜是烤雞。

佛雷有著一頭紅髮和紐約口音，擁有一系列的成功餐館，是蟬聯多年的美國廚藝冠軍。他最有名的是創造出美國西南方食譜，專給不怕吃油和肉的人享受。幸運的是，為了在乎健康的消費者，他同時也創造出好吃但低脂的食譜，其中一樣就是他的烤雞。他把香料混在一起，然後塗抹到雞身上，搓揉到味道進入肉中，才送進烤箱烤。

在我們這裡，雞就是你孩子的情緒生活，六種香料是你的教養行為，當父母按部就班把香料塗在雞身上時，他們就增加了得到一個快樂孩子的機率。

情緒擺中間

父母每天都碰到一大堆問題，雖然不是所有問題都跟孩子以後長大有關係，但是有一個有：你怎麼處理孩子的情緒生活——你偵察、反應和提供指導他調節情緒的能力，是他將來快不快樂最大的預測力。

從包姆林（Diana Baumrind）和吉納特（Haim Ginott）到凱茲（Lynn Katz）和高特曼（John Gottman）五十年來的研究得到這個結論。這正是為什麼你孩子的情緒生活是主角——我們的隱喻中的那隻雞。除非你把雞放在中央，不然這個食譜對你沒有任何好處。重點是當你的孩子情緒變得緊張到把你推出你原來的舒適圈時，你採取的行為。

下面是讓你醃製雞的六種香料：

- 溫和但堅持的教養方式
- 與你自己的情緒一致
- 追蹤孩子的情緒
- 把情緒用語言表達出來
- 迎向情緒，不避不逃
- 兩噸的同理心

◆第一、溫和但堅持的教養方式

感謝發展心理學家包姆林，我們現在知道該怎麼做了。她在一九二七年生於紐約市，父母是中低階層的猶太移民。她很兇悍，跟辣椒一樣辣，曾經率領一批學者去指控耶魯心理學家米爾格蘭（Stanley Milgram）實驗的不道德（譯註：請參閱遠流翻譯出版的《電醒世界的人》〔*The Man Who Shocked the World*〕一書）。包姆林的第二個職業生涯是人權擁護者，在一九五〇年代她曾受到麥卡錫（Joe McCarthy）白色恐怖的調查，因為她在加州大學柏克萊校區——反戰自由派分子的大本營——做實驗。一九六〇年代中期，包姆林發表了她對教養形態的看法，到現在還很受歡迎，你可以把她的看法想成教養孩子的四種形態。她描述了連續性的二度空間的教養形態：

- **反應度**：這是父母對孩子支持、接受的程度。有愛心的父母會把他們的愛傳遞給孩子，讓他們知道有困難可以回家找父母傾訴；敵意的父母則是將他們的拒絕傳達給孩子。
- **要求度**：指的是父母對孩子行為控制的程度。嚴格的父母會不手軟的執行家規，縱容的父母根本不制定任何規矩。

把這兩個向度用二乘二矩陣表示出來，我們就得到四種教養形態，其中只有一種形態會製造

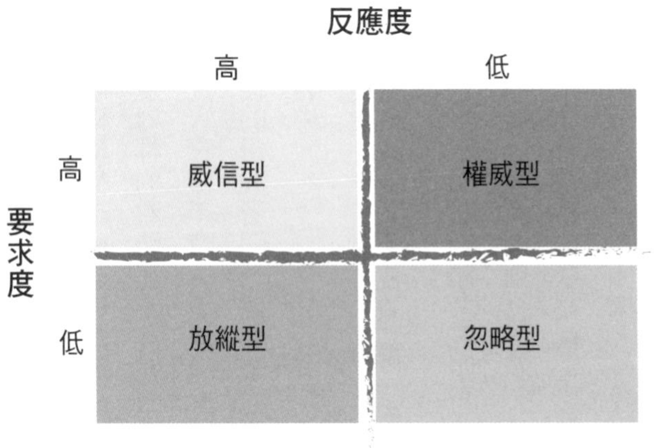

出快樂的孩子。

權威型：太強硬。不反應加上要求。對這些父母來說，行使父母權力、要孩子聽話是一件非常重要的事，他們的孩子通常都很害怕父母，他們不解釋為什麼這樣規定，也沒有投射溫暖到孩子身上。

放縱型：太軟弱。有反應加上不要求。這種父母真的很愛他們的孩子，但是沒有辦法執行規矩。他們後來是避免和孩子衝突，很少要求孩子遵守家庭的規矩。這些父母常常覺得迷惑，不知道怎麼管教孩子才好。

忽略型：太疏離。不反應加上不要求。這是最糟的，這種父母不關心孩子，也不參與他們的日常生活，只有提供最基本的照顧。

威信型：恰恰好。有反應加上有要求。這可能是最好的一種教養方式，這些父母要求孩子守規矩，但是也非常在乎孩子的心情。他們解釋為什麼訂這些規矩，鼓勵孩子說出他們對這些規矩的反應和感想。他們鼓勵孩子獨立，但是要求孩子遵守家庭的規矩。這種父母跟他們的孩子都有很好的溝通技巧。

忽略型父母會有行為最糟的小孩，在校成績也不好。威信型父母則得出道格拉斯型的孩子。包姆林的看法在一九九四年一個大型的研究計畫中得到支持。幾千個加州和威斯康辛州的學生在進入青少年時，不論種族，研究者就他們父母的教養形態，預測他們將來的行為和成就。這些年輕的研究者問一個簡單的問題：父母怎麼把自己分類進上述四種形態？這答案在我們的下一種香料中。

◆第二、與你自己的情緒一致

想像好朋友來你家跟你閒聊，而她那對四歲的異卵雙胞胎布萊登和麥迪蓀在地下室玩。突然你們的談話被喊叫聲打斷了，這對雙胞胎在吵架，一個要玩士兵，另一個要玩家家酒，「這個給我！」你聽到布萊登在喊，想要把這些小偶人據為己有。「不公平！」麥迪蓀回應道，把小偶人從布萊登的手上搶回來。「我也要！」你的朋友希望你認為她有兩個天使而不是魔鬼，所以她走到地下室去，「你們這些小鬼，」她低吼道：「為什麼不能好好的玩？難道你們不知道你們這樣讓我很丟臉嗎？」布萊登開始哭起來，麥迪蓀臭著一張臉，看著地板。「我養了一對軟弱無用的孩子！」她邊發牢騷，邊走回樓上。

假如你是這對雙胞胎的母親，你會怎麼做？你相不相信，心理學家可以相當有信心的預測你會怎麼做。高特曼把它叫做你的「後設情緒哲學」（meta-emotion philosophy），它是你對感覺的感覺（meta 這個字是表示向上或從上往下看）。

有些人歡迎情緒經驗，把它們認為是重要的、豐富生命旅程的東西；有的人認為情緒使人軟弱、發窘，情緒應該被壓抑下去。有人覺得有些情緒其實是ＯＫ的，就像快樂和愉悅，但是有些情緒最後不要出現，如憤怒、悲哀、恐懼等；有人則不知如何處理情緒，所以看到情緒就逃避，本章一開頭的瑞秋就是這樣。不管你對感覺的感覺是什麼——對你自己的或是別人的——這就是你的後設情緒哲學。你可以用這種態度來討論包姆林的四種教養形態嗎？

你的後設情緒哲學對你孩子的未來非常重要，它能預測你對孩子的情緒生活會有什麼反應，而這又能預測他們能不能學會調節他們的情緒。因為這些技術直接跟孩子的社交能力有關，你對這些感覺的感覺就嚴重影響你孩子未來的快樂。你必須對你自己的情緒感到舒適，才會使你的孩子對他的情緒感覺舒適。

◆第三、追蹤孩子的情緒

你可以從別人的談論中知道你的家庭生活如何。有的時候，整個關係不經意的就從幾個句子流出來了。葛妮絲・派特蘿（Gwyneth Paltrow）是位舞台和電影明星，在演藝圈中長大，她母親是女演員，父親是導演，她的父母親沒有離婚，在演藝圈中這是奇蹟，在一九九八年的《展示》（*Parade*）雜誌上，派特蘿講了下面這則與父親有關的故事：

在我十歲時，我們全家去了英國，我母親在拍戲……，我父親帶我去巴黎度週末。我們玩得很痛快，在回倫敦的飛機上，他問我：「你知道我為什麼帶你去巴黎嗎？只有你和我？」我問：「為什麼？」他說：「因為我要你第一次看到巴黎時，是跟一個會永遠愛你的人一起去的。」

當派特蘿在一九九九年贏得奧斯卡金像獎女主角時，在感人熱淚的致謝詞中說，因為她的家人，她知道愛是什麼。她的父親四年後過世，但是他的那句話是我認為用來說明「平衡的情緒監督」（balanced emotional surveillance）最好的例子。

前面我提到父母親**以最實際的方法**密切注意孩子的情緒生活，你可以在莊尼克的實驗室中，觀察一個母親和她的寶寶玩躲貓貓時是如何做到這一點。

母親停止遊戲，坐下來觀察寶寶……，幾秒鐘以後，嬰兒轉向母親，臉上是邀請的表情，母親微笑著接近他，用高頻率的聲音說：「噢，你現在想玩了！」寶寶微笑著反應，發出咕咕聲。

這位母親非常專注在孩子的情緒線索上，她知道寶寶頭轉開去可能是因為他需要休息一下，因為玩這個遊戲，他接受了太多如潮水般湧來的感官訊息。母親退後，耐心的等著，直到寶寶送出訊號表示他已不再被訊息淹沒了，當母親再跟他玩時，他又可以很高興的玩了。這位母親微笑著耐心的等待，沒有堅持繼續玩，使孩子過度刺激，最後哭起來。全部的時間不過五秒左右，但是幾年下來，這個情緒的敏感會造就一個有成就的孩子或是一個少年犯。

快樂孩子的父母在寶寶出生時就開始這個習慣了，一直持續很多年。他們追蹤孩子的情緒，就像有些人追蹤他們的股票或球迷追蹤他的球隊一樣。他們並沒有用控制的、不安全的形式去注意孩子，而是用一種溫和的、不介入的方式，像一個好的家庭醫生。他們知道什麼時候他們的孩子快樂、悲傷、害怕或愉悅，通常不需要問，他們就知道，他們可以很正確的解讀孩子的語言和非語言線索。

強有力的預測

為什麼它會有效？我們只知道這故事的兩個部分，第一是掌握**情緒性**資訊的父母有很大的行為預測力。父母對孩子的內心世界很熟悉時，他們變成專家，對任何情況都能做出反應。這導致一種直覺，知道在各種情況下，什麼最有幫助，什麼會傷到孩子，什麼又對孩子無助也無害。這是你所能擁有最有價值的教養孩子技巧了。

第二部分是持續注意孩子情緒需求的父母，就不會突然有一天被孩子一直在改變的情緒發展嚇到。當孩子的大腦改變時，他們的行為也改變，這又導致更多的行為改變。這種長期關心的父母比較不會被孩子的成長驚嚇到。

情緒的監控有一點要先提出警告，就是可能給了太多好東西。在一九八〇年代後期，研究者很驚訝的發現，當父母太過注意孩子送出來的線索時——對他們的每一個打嗝聲、每一個咳嗽聲都做反應時——孩子反而變得**比較沒有**安全依附感。小孩（大人也有）受不了過度注意，會有窒息感，這種方式反而干擾了他們的情緒自我調節，影響到他們對空間和獨立性的自然需求。

在玩躲貓貓遊戲時，母親該退後多少次讓孩子休息，因為她注意到他所送出來的線索。大部分的父母親一開始時，很難知道什麼時候他們的寶寶覺得被愛，什麼時候又覺得快要窒息。有些父母始終沒有學會，一個可能的原因是一個孩子到另一個孩子比率是不同的，從這一天到下一天也不同。無論如何，你需要平衡（你可以把前面「金髮女孩」的討論放在這裡）。能夠抗拒內心的波動、不妥協的父母，會製造出最有安全依附感的孩子。

◆第四、把情緒用語言說出來

「我不喜歡它！」在客人離開後，一個三歲的孩子喃喃的說道。她在她姊姊的生日派對中玩得很不痛快，她現在開始生氣了，「我要**艾莉的**洋娃娃，我不要這個！」她的父母準備了一份禮物給她當做安慰獎，因為姊姊收到很多禮物而她沒有，沒想到這一招不管用。女孩把洋娃娃丟到地上，「艾莉的洋娃娃！艾莉洋娃娃！」她開始哭。你可以想像父母在這種情況下可以有好幾個選擇。

「你看起來心情不好，是嗎？」女孩的爸爸說。小女孩點點頭，還在生氣。爸爸繼續說：「我想我知道為什麼，你心情不好是因為艾莉收到很多禮物，而你只有一個。」小女孩又點點頭。「你想要同樣多的禮物，而你沒有要到，你覺得不公平，所以你心情不好。」爸爸繼續說，「每次有人拿到我想要的東西而我沒有拿到時，我也會心情不好。」沒有回應。

然後把情緒表達出來的爸爸說了最特殊的一句話。「我們給這種感覺一個字，親愛的，」他說：「妳想知道這個字是什麼嗎？」她說：「想。」她把她抱在手上，「我們叫它嫉妒。你要艾莉的禮物，而你要不到，你在嫉妒。」她的哭聲變小，開始安靜下來了。「嫉妒，」她悄聲說。「是的，」爸爸回答：「而它是一個很不舒服的感覺。」「我嫉妒了一整天。」她回答說，把自己捲在爸爸強壯的手臂中。

這個好爸爸精於：⑴標籤他的感覺，⑵教他的女兒如何去標籤她的。他知道悲哀（或心情不好）在他自己心中是什麼感覺，所以很容易就把它說出來了，他也知道心情不好在他孩子心中是什麼感覺，所以教她把它說出來。他同時也精於教快樂、厭惡、關心、害怕，整個小女孩經驗中的所有頻譜。

研究顯示這種標籤的習慣是所有養出快樂孩子都有的行為。在這種教養方式長大的孩子比較會自我安慰，比較能聚焦在作業上，有比較成功的同儕關係。有的時候知道該怎麼做比知道該怎麼說更難，但是有的時候，他所需要的只是把它說出來而已。

標籤情緒是神經學上的冷靜

你注意到在這個故事裡，當爸爸直接談到孩子的感覺時，孩子就安靜下來了。這個現象很普遍，你可以在實驗室中測量它。說話對孩子的神經系統有一種安撫的力量（對大人也是），所以大腦守則是：為情緒貼上標籤，可以使強烈的情緒緩和。

我認為在大腦中，語言和非語言的溝通方式是兩股扭在一起的神經系統。嬰兒的大腦還沒有把這兩個系統連接好，他們的身體在大腦可以把感覺說出來之前會先感受到恐懼、厭惡和快樂，這表示**孩子會在他們知道這些反應是什麼之前，先經驗到這些情緒反應的生理特質**。這是為什麼大情緒（兇猛的情緒）會嚇到孩子自己（大發脾氣時，這種害怕會回頭使脾氣變得更大）。這不是一道跨不過去的鴻溝，孩子需要知道大發脾氣是怎麼回事，不管一開始看起來是多麼的恐怖。他們需要連接這兩個神經系統。研究者認為學習去標籤情緒提供了一座橋樑，這座橋越早搭好，你越會看到自我安慰、自我冷靜的行為，外加其他的好處。研究者伊薩德（Carroll Izard）發現，如果一個家庭沒有提供這種指引，孩子的語言和非語言的系統無法連接起來，或是連得不好、不健康。沒有標籤來描述他們的感覺，孩子的情緒生活就一直是生理經驗的混淆、不調和的狀態。

我對標籤的威力有第一手的經驗。我的一個孩子可以很容易的爆發芮氏地震好幾級的脾氣，我從研究發現偶爾的發脾氣在他們一歲或兩歲時是正常的，因為他們的獨立感覺跟他們的情緒成熟玩起雞生蛋蛋生雞的遊戲。但是我常會替他難過，他看起來非常不快樂，有的時候看起來很害怕。我每次都盡量靠近他，想要告訴他，一個永遠愛你的人就在你的旁邊（每一個人都可以向派特蘿的父親學習）。

有一天，當他又在發大脾氣時，我眼睛看著他說：「你知道，兒子，我們對這種感覺有個名字，我想告訴你它的名字是什麼，好嗎？」他點點頭，仍然在哭。「這個叫做『挫折』，你現在感到挫折，你可以說『挫折』嗎？」他突然看著我，好像他被火車撞到一樣，「挫折！我在**挫折**！」仍然在哭，但是他抓住我的腿，好像他的命繫在我腿上似的，「挫折！挫折！挫折！」他一直重複，好像這個字是個拋到他身上的馬具。他很快就安靜下來了。

就像文獻說的，學習把感覺說出來有強大的安撫神經效用。

假如你不習慣檢視情緒，怎麼辦？

你可能需要練習把你的情緒大聲說出來，當你經驗到快樂、厭惡、憤怒、高興時，就把它大聲說出來。對你的配偶、對空氣、對上帝、對很多的天使，這可能會比你想像的還難，尤其如果你不習慣探索自己內心深處，然後說出你所發現的話。但是為了你的孩子，勉為其難去做吧！記住，大人的行為以兩種方式影響孩子的行為：做榜樣和直接介入。建立一個標籤你情緒的習慣，然後，當你的寶寶會講話時，她會有很多的榜樣可以學習，這個好處會使她一生受用不盡。

還有一點提醒：這種訓練是在提升你的覺識（awareness），你可以覺識到你的情緒而不必有很強的情緒，你就不必去跳情緒的脫衣舞把你的情緒講給別人聽，只因為你現在知覺到你的感覺了。下面是幾個重點：

- 你知道你什麼時候在經驗一種情緒。
- 你可以很快的辨識出情緒，在別人的要求下，可以把它說出。
- 你可以很快的在別人身上辨識同樣的情緒。

十年的音樂課

還有一個方法可以細緻的調節孩子對情緒方面的語言：學音樂。芝加哥地區的研究者發現，有音樂經驗的孩子——學任何一種樂器十年以上、在七歲以前開始學——對富有情緒線索的細微差異，如嬰兒的哭聲，反應非常快。科學家一方面追蹤嬰兒哭聲中的音高、時間性和音色，一方面掃瞄音樂家的腦幹（brainstem，大腦中最古老的部分）。

結果發現，沒有經過嚴格音樂訓練的孩子，無法區辨出嬰兒哭聲中聲調、音色等的差異，他們沒有辦法掌握住細微的、藏在符號中的情緒訊息。史翠特（Dana Strait）是這份研究的第一作者，她寫道：「他們的大腦比沒有學音樂的人的大腦反應得比較快、比較正確是在我們意料之內的，因為我們預期他們會把這個知覺轉譯成情緒知覺。」

這個發現是出奇的清晰而且實際，如果你要快樂的孩子，那麼早早讓他們踏上音符之旅，然後確定他們不中途脫隊，直到可以填申請哈佛大學的入學表格。

◆第五、迎向情緒

這是每個父母的夢魘，你的孩子陷在一個性命交關的情況中，命若懸絲，而你卻一點也幫不上忙。

一九九六年二月，十五歲的帕思加（Marglyn Paseka）跟一個朋友在蒙他沙小溪（Mantanzas Creek）中玩水，突然被捲入加州中部的水庫洩洪中，她的同伴爬到岸邊，帕思加卻沒有這麼幸運，有四十五分鐘之久，她抱住一根樹枝，載浮載沉，直到第一個救援的人到達。那時，她已經沒有力氣了，岸上的人──包括她母親在內──都在尖叫。

消防員羅佩茲（Don Lopez）卻沒有尖叫或猶疑，他立刻下到冰冷、洶湧的水中，把救生繩丟給帕思加，他失敗了，一次、兩次……很多次。女孩的力氣已經用盡，在最後一秒，繩子套上她了。聖塔蘿莎（Santa Rosa）《民主報》（*Press Democrat*）的攝影記者威爾斯（Annie Wells）在現場採訪，拍下了這個鏡頭（後來拿到普立茲獎）。這是一張非常令人震撼的相片，已經沒有力氣的少女幾乎要放掉樹枝了，勇敢的消防員救了她的生命。當每一個人都在尖叫，像無頭蒼蠅一樣亂跑逃離時，羅佩茲迎向麻煩。

教養出像我朋友道格拉斯的父母親都是有這種大勇的人，他們在面對孩子情緒的洪水時毫不害怕，他們並不是把情緒壓下或忽略它，或讓它亂竄破壞家庭的和諧。這種父母參與他們孩子的強烈情緒，對情緒他們有四種態度（是的，就是他們的後設情緒）。

- 他們不批判情緒。
- 他們知道情緒有反射本質。
- 他們知道行為是一種選擇，而情緒不是。
- 他們把危機當做教育的機會。

他們不批判情緒

許多家庭很不鼓勵孩子顯露強烈的情緒，例如憤怒和恐懼；而快樂和寧靜卻是可以顯露的。

對全世界像道格拉斯的父母這樣的人來說，沒有什麼叫壞情緒，也沒有什麼叫好情緒。情緒是有或沒有，這些父母知道情緒不會使一個人軟弱或強壯，它只是使人成為人而已。這種態度就是讓孩子去做原本的他。

他們知道情緒有反射本質

有些家庭對孩子爆發的情緒的態度是不理會它，希望孩子會「走出來」，但是否認情緒的存在只會使情緒變得更糟（否認自己感覺的人經常會做出錯誤的選擇，這帶領他們進入更多的麻煩中）。在研究中，有快樂孩子的父母通常是了解科技進步到現在，還沒有哪一種科技是可以把情緒帶走或變不見的；一開始的感情反應是像眨眼一樣的自動化，它們不會因為你認為應該消失而消失。

在真實生活中，忽略情緒或不讓情緒顯露會怎樣呢？你可以想像你三歲兒子凱爾的寵物金魚突然死了，凱爾很難過，在家中踱來踱去，嘴裡說著：「我要我的魚魚回來！」和「叫他回來。」你試著忽略他，但是他的壞心情最後惹毛了你，你該怎麼做？

一個反應是：「凱爾，我很抱歉你的金魚死了，但是這真的不是什麼了不起的事，牠只是條魚而已，死亡是生活的一部分，你需要學會面對它。現在，把眼淚擦掉，到外面去玩！」另一種反應方式是：「沒有關係，寶貝，你知道這條魚已經很老了，牠比你還早出生，我們明天去店裡再買一隻，好嗎?現在，擺出個笑臉給媽看，然後到外面去玩！」

這兩種反應都忽略了凱爾當下的感覺：一個似乎很不贊成凱爾的憂傷，另一個則想麻痺他。二者都沒有處理到他強烈的情緒，他們沒有給他工具使他可以走出憂傷。你知道凱爾可能會怎麼想嗎?「假如這沒什麼關係，為什麼我還有這種感覺呢?我該怎麼辦?我還是覺得很難過，我一定有什麼地方不對勁了。」

他們知道行為是一種選擇，而情緒不是

快樂孩子的父母親不因他們了解情緒的由來而允許壞行為的出現。一個小女孩可能因為她覺得被威脅而打了她弟弟，了解原因並不使打人變成合理。這些父母了解孩子有權選擇他們要怎樣表達他的情緒，他們有一份清單，列出的不是他們讚許的或不允許的**情緒**，而是**行為**。這些父母嚴格執行這份清單，一致性的教孩子哪些行為是合適的，哪些是不當的。像道格拉斯父母那樣的爸媽會溫和的跟孩子說話，但是手上一定拿著規矩手冊。

有些家庭沒有規矩手冊，有些家長讓他們的孩子自由表達他們的情緒，也讓他們的孩子隨便想到什麼就做什麼。他們認為對負面的情緒的狂流你無能為力，除了爬上河岸，讓洪水過去。有這種態度的爸媽是放棄了他們為人父母的責任，統計上來看，這種父母比研究測試過的任何一種父母都更糟，他們養出行為最不端的孩子。

為什麼釋放情緒會使事情變得更好？沒有人知道。有人說，發出來總比窩在心中好。五十年來的實驗顯示發脾氣通常只會增加攻擊性，唯一有幫助的發洩怒氣是立刻伴隨著建構性的問題解決。就像奇幻文學大師路易斯（C. S. Lewis）在《納尼亞傳奇》（*Chronicles of Narnia*）系列的《銀椅》（*The Silver Chair*）一書中所觀察到的：「哭沒有關係，但是你遲早得停止，那個時候，你還是要決定你該怎麼辦。」

他們把危機當做教育的機會

教出快樂孩子的父母不停的從孩子強烈的情緒中尋找可以教他的時機。他們似乎有種直覺，人們只有在面臨危機時的反應會造成永久的改變。他們歡迎這種強烈情緒的時刻。

「你永遠不要浪費一個嚴重的危機」是這些父母共同的態度，就跟政治圈的人不浪費危機來趁機炒作一樣。問題是孩子的危機有時對父母來說實在太小了，好像不值得花寶貴的時間處理。但是這些父母知道，你不需要非得喜歡這個問題才去處理它。他們用「潛在的教訓」（potential lesson）取代「潛在的災難」（potential catastrophe），這就使災難看起來不一樣了。

這樣做會有兩種長期效應。第一，這使父母在面對情緒大腦爆炸時可以出奇的冷靜和放鬆，這是有好處的，因為這給孩子立下一個好榜樣，當他們長大遭遇到危機時，知道該怎麼反應。第二，及時反應可以減少情緒災害，因為時間性很重要：房子失火要減少損失最好的方法就是立即將它撲滅。假如你迎向火而不是忽略它，你修理的帳單會少很多。你如何滅火呢？下面是我們第六種香料。

◆第六、兩噸的同理心

假設你帶著兩歲的艾茉莉在郵局排著長隊等待寄信，她說：「我要喝水。」你很冷靜的說：「寶貝，我現在不能給你水喝，飲水機壞掉了。」艾茉莉開始哭鬧：「我要喝水。」你可以預期馬上要發生的場景，你的血壓開始升高。「要等回家才有水喝，這裡沒有水。」你說。她大喊：「我現在就要喝水！」語言交換的溫度開始升高了，馬上要爆發成公開場所的糗事了，現在怎麼辦？以下是你可能採取的三種戰術：

- 你可以選擇不理孩子的感覺，嚴厲的說：「我說等回到家再喝，這裡沒有水，現在安靜，不許吵。」
- 你為馬上要發生的窘事感到焦慮，你很生氣孩子的反應，發出嚴厲的嘶聲說：「請你安靜點好嗎？不要讓我在公眾場所丟臉！」
- 不知該如何反應，你聳聳肩，軟弱的微笑看著你孩子在地上打滾。她的情緒到達了最高點，現在爆發開來，你束手無策。

吉納特是他那個時代最有影響力的兒童心理學家，他不會認為上面三個是好的選擇。他在一九六〇年代後期提出一系列父母該怎麼做的建議，這些建議經過多年的實驗室檢驗，如在高特曼實驗室和別人的實驗室，已被證明是有用的、可行的。

你該像以下說的這麼做：先告訴孩子你知道他的感覺並且表示同情，「你口很渴，是不是？喝一大口冰水會覺得很舒服對不對？我真希望這個飲水機沒有壞掉，沒有壞的話，媽媽就可以把你抱起來，讓你喝個夠。」

聽起來很奇怪，不是嗎？很多父母以為這樣說會把事情弄得更糟，好像火上加油；但是實驗數據卻是非常清楚，同理心的反射及教他身邊可以用到的策略，是短期內唯一可以化解強烈情緒的行為，而且可以減少以後發作的頻率。你注意到這樣做是迎向孩子的情緒而不是迴避它。你也注意到你把她的感覺講出來了，承認她是口渴，表達了你的了解，這就是同理心。華盛頓大學的凱茲把這叫做「情緒的教練」（coaching of emotion），高特曼也如是說。這個想法直接源自吉納特如何教養出快樂孩子的卓見。所以瑞秋應該對泰勒說什麼呢（即本章開頭那個吵著要吃巧克力餅乾的孩子），她應該一開始時就說：「你想要吃餅乾是不是？親愛的？」

有好幾個生理上的原因使同理心有效。感謝那些看起來好像無關的研究，如想了解群眾行為和找出樂觀的醫病關係的研究，讓我們對同理心有了更深一層的了解。

情緒是會傳染的

人會受到他身邊人情緒的影響。假如你身邊的人都很恐懼、很憤怒或很暴力，你通常也會感染到同樣的感覺，好像病毒一樣。這個研究原先是想知道暴動時，暴民如何去影響別人的行為，結果發現情緒是有傳染性的，包括幽默。電視情境喜劇就常會播放觀眾的笑聲（是罐頭笑聲），來引起你幽默的感覺。

同理心能安定神經

第二個研究是看醫病關係。在臨床面談時，治療師的心跳和皮膚溫度跟病人同步的話，這個病人恢復得比較快、比較好（相較於治療師的生理沒有跟病人同步）。這個現象叫做「生理的同步」（physiological synchrony）。遇到這種有同理心的醫生，病人的感冒會好得快，從手術中恢復也比較快，併發症也比較少，更重要的是，比較少去告你醫療疏失。現在，同理心已是醫療上一個重要議題，因為它直接跟醫療成本有關了。

這個生理上的發現導致另一個發現：同理心使人安靜下來。當大腦知覺到同理心時，迷走神經（vagus nerves）會使身體放鬆。迷走神經連接腦幹和身體的很多地方，包括腹、胸和頸，當它過度刺激時，會引起疼痛和嘔吐。

這可能需要練習

如果你覺得很難投射你的同理心，沒有關係，你可能會發現當你第一次有孩子時，你原來全是你、你、你的世界突然轉換成他、他、他了。這是社會契約中最難的部分，但是你從你轉向他的這個能力，就是同理心在作用。這個同理心會造成孩子大腦的不同。

雖然同理心看起來好像是天生的，但是孩子還是需要練習才會變得熟練。喬治華盛頓大學醫學院精神科和小兒科臨床教授葛林斯潘（Stanley Greenspan），在他的書《好棒的孩子》（*Great Kids*）中如是說：「同理心來自對別人感同身受。」你可以從和你的朋友、你的配偶、你的同事開始練習同理心。這跟打網球一樣，生手跟專業級的一起練習時學得最快。你的孩子看到越多的同理心，他的社會能力越強，他也會越快樂。這樣你就會有更多的快樂孫子，這點在你老的時候很受用，尤其在經濟不景氣時，含飴弄孫是個不花錢的娛樂！

幸運的是，你並不需要二十四小時的耍弄這六項香料才能得出快樂的孩子。高特曼說，假如你跟你孩子的互動有百分之三十是有同理心的，你就會有快樂的孩子了。這是否表示剩下的百分之七十的時間你就可以輕鬆一下了？或許。統計數字指出注意你孩子的感覺的強大力量，很多家長並沒有教出像我朋友道格拉斯一樣的孩子，但是你並沒有理由不這樣做。

重點提示
Key Point

大腦守則

快樂寶寶：土壤

- 你的寶寶需要你看他、注視他、聽他，對他做反應。
- 父母對幼兒強烈情緒的反應，是他長大後能不能成為一個快樂的人的重要因素。
- 有溫和而堅持的教養原則的父母親，最有可能帶出超棒的孩子。
- 父母應該承認、說明並同理孩子的情緒，告訴他這情緒的名字，對任何因情緒產生的行為只要在可容許範圍之內，就不要提出批判。

第七章｜道德寶寶

大腦守則

堅定的紀律伴隨溫暖的心

丹尼爾的雙親很有錢，但是在控制孩子行為上他們卻一籌莫展。丹尼爾是老大，是證物A。丹尼爾的母親帶他和他的妹妹到家庭別墅度週末，當他們在公路上疾駛時，五歲的丹尼爾突然解開安全帶，抓了母親的手機開始玩起來。母親說：「請把它放下。」丹尼爾完全不理。「請把它**放下**。」母親再次說。丹尼爾回答：「不要。」母親停了一下。「好，你可以用它打電話給你爸爸，現在，請扣好安全帶。」丹尼爾完全不理母親的話，開始玩起手機上的電玩遊戲。

幾個小時以後，當他們停下來加油時，丹尼爾爬出窗戶，爬上車頂，他母親看到嚇壞了，命令他：「不要這樣！」他回嘴說：「你才不要這樣。」然後爬下擋風玻璃。當丹尼爾回到車上之後，他們繼續往前走，丹尼爾又拿起手機來玩，這次他把它摔到地上，摔壞了。當這個小拿破崙長大時，丹尼爾已學會他可以完全不理家裡的規矩，然後更進一步，不理社會的規範。他已習慣了別人要讓路給他，他要怎樣就怎樣。他開始打學校中不聽他話的小朋友，跟學校的行政主管處得很不好，他偷同學的東西，最後，他用鉛筆刺向一個小女孩的臉頰，他被學校開除了。在我寫這章時，他的父母正在跟學校打官司。

丹尼爾的行為——我其實想說的是**品德**——很糟。雖然做個什麼都不管的父母最簡單（所謂的「後座父母」〔back-seat parent〕，把主動權交給孩子），每一年都有比往年更多的不可控制的孩子和束手無策的父母出現，但是其實沒有父母願意養出像丹尼爾這樣的孩子來。所以在這一章中，我們來談談如何避免養出這樣的孩子。你可以創造出一個道德成熟的孩子來，你可能也會很驚訝，它背後有神經科學的機制。

寶寶天生有道德觀念嗎？

「道德」（moral）究竟是什麼意思？道德是在我們的大腦中，還是文化造成道德覺識？這個問題哲學家想了幾世紀。「道德」這個字在希臘文和拉丁文中都有很強的社會基礎，它原來是行為的規範（code of conduct），是一個「大家都衷心贊同」和「你敢不聽從就試試看」（don't you dare），兩個份量相等同的社會習俗和大家所認同的行為方式組合而成的行為規範（譯註：它包含兩部分，一為大家都認同的行為和態度，二為如果不遵循會有負面後果的譴責）。我們所用的定義為：一個文化團體中帶有價值觀念的行為，它主要的功能在引導社會行為。

為什麼我們需要這些規範？因為演化過程中，人需要很強的社會合作才能生存下去。有些研究者認為我們的道德感（即社會化的行為）其實就是為了幫助這種合作而發展出來的，畢竟，常態性的屠殺並不是維持群體在一萬八千五百人左右（有人認為是少於兩千人）的最好方式。從達爾文學派的觀點來說，我們的大腦在出生時，已經有了某些道德的敏感度，然後依我們所成長的環境，慢慢發展成為半變異性（semi-variable）的方式。認知科學家平克（Steven Pinker）說：「我們天生就有普遍性的道德文法（We are born with a universal moral grammar），它強迫我們用道德的架構去分析人的行為。」

我們所擁有的道德敏感包括對和錯的區辨，對社會暴力如強姦和謀殺的排斥和同理心。耶魯大學的心理學家布魯（Paul Bloom）列出我們天生就擁有的道德感，包括公正公平的感覺、對別人體貼和利他行為，以及願意批判別人的行為。另一位心理學家海德（Jon Haidt）則把它分為五類：傷害、公平、忠誠、守法、純潔的心智。

假如這些是天生就有的大腦功能，那麼，我們應該在演化上的鄰居身上看到一些痕跡。我們的確可以，而且不必遠求，去英國的動物園看看就可以了。動物園中有一隻母黑猩猩庫妮（Kuni），牠住的籠子外面有一圈壕溝，一部分有玻璃遮風擋雨，一部分是露天。有一天，有一隻小鳥撞到玻璃，掉入籠中，庫妮捉住了牠；雖然受到驚嚇，但是小鳥並非無法復原。庫妮的反應只能用人道主義之姿來形容：牠把小鳥撿起來，雙腳擺好，但是小鳥飛不起來；然後牠把鳥輕拋出一小段距離，然而小鳥還是沒辦法飛。庫妮接著把小鳥抓在手上，爬上籠內一棵樹的樹梢，用雙腳支撐身體，兩隻手把小鳥的翅膀張開來，再盡力的把小鳥拋出壕溝；可惜小鳥沒能飛過壕溝，落在土堤內側，一隻小黑猩猩好奇的走過去看。庫妮很快的從樹上下來，站在小鳥的前面保護牠，牠站了很久，直到小鳥自己可以飛走為止。

這真是非常令人驚異的行為，雖然我們不能進入黑猩猩的心中，知道牠在想什麼，但是我們清楚看到動物也有情緒生活，包括利他行為。人類當然有比黑猩猩更多、更精緻的利他行為，但是這裡我們看到一個例子顯示我們演化的鄰居也有。假如道德的覺識是普遍性的，我們就該在不同的文化中都看到相同的行為。哈佛的研究者發展出的「道德感量表」（Moral Sense Test），已經給一百二十個國家幾百萬的人做過了（你也可以做，在 http://moral.wjh.harvard.edu 網站），他們所蒐集的資料證實了道德感的普遍性。

第三個道德覺識是天生的提示，來自腦傷的病人。腦傷會使他們無法做出某些道德判斷，我們稍後會花一些篇幅說明。

◆為什麼孩子不總是做對事?

假如孩子天生就有對和錯的感覺，為什麼他們不做對的事就好了?還要煩勞父母來管教，尤其他們長大一點，進入青春期之後，更是難管。

你會發現，科學家非常難以解釋前攝的道德行為（proactive moral behavior），例如幫助別人過馬路，即使是用自我利益（self-interest）的方式都很難解釋人類的有些利他行為。道德推理（moral reasoning）和道德行為之間的這條路很不好走，「良心」（conscious）這個觀念會發展出來就是為了彌平這兩者中間的困難。良心就是當你做好事時使你覺得很愉快，當你做壞事時使你覺得很難過。哈佛心理學家柯柏（Lawrence Kohlberg）認為，一個健康的良心是在道德推理的最高層。但是不是每個科學家都認為良心是天生的，有些人認為它是社會建構的，對這些人來說，內化（internalization）是道德覺識最重要的一個測量。

一個能抵抗誘惑不去犯規，**即使被抓到或被處罰的機率是零**的孩子，就已經把這些規則內化了。他們不只知道什麼該做、什麼不該做（這個覺識可能是先天就設定在他們大腦中的），更同意這些規則，而且使行為跟這些規則相符合。這有時候也叫做「抑制的控制」（inhibitory control），聽起來很像一個已發展得很好的執行功能，它們可能是同一個東西。不管是在哪一種情況下願意去做對的選擇——沒有任何威脅或好處，或願意承受做錯選擇的壓力——就是道德發展的目標。也就是說，你教養孩子的目標是使他注意他先天的對錯感覺，並且依照這個感覺去做。

這需要時間，很多的時間。

每兩個小時說一次謊

我們怎麼知道這個？因為孩子會說謊，而且會隨著年齡而改變。我有一次聽到一位心理學教授在討論當孩子第一次懂得說謊時是什麼情形，他用比爾・寇斯比常用的方式（Bill Cosby，編按：因電視影集《天才老爹》〔*The Cosby Show*〕）聞名，這裡指的就是這個老爹會用的梗）使故事生動些，我現在就用同樣的方式複述一遍這個故事，先向這位教授和寇斯比致歉。

比爾和他弟弟羅素晚上在床上跳，這違反了他們父母的規定。他們把床架跳散了，斷裂聲和床塌下來的聲音驚醒了他們的父親，爸爸怒氣沖沖進到房間，指著破床說：「是你們幹的嗎？」

比爾結結巴巴的說：「不是我弄的！」他停頓了一下，突然靈光一閃，眼睛發亮：「但是我知道是誰做的！有個青少年從臥室的窗戶爬進我們的房間來，他在床上跳了十次，把床跳壞了，然後從窗戶跳出去逃到街上了。」爸爸的眉頭皺起來。「兒子，你房間並沒有窗戶！」這孩子馬上接口說：「爸爸，我知道，他走的時候把窗戶也帶走了。」

是的，孩子很不會說謊，至少第一次的時候。在充滿了魔法、仙女的童年心智中，孩子一開始並分不清真實和想像，你可以從他們熱切參與想像的遊戲看出。他們同時也認為父母是無所不能的，這個信念一直要到他們進入青春期後才慢慢消失，但是這條引信卻很早就點燃了。大約三歲時，孩子就知道爸爸媽媽沒有讀心術，並不能常常猜出他們的心意。他們很高興的發現，他們可以給父母錯誤的訊息而不會被發現；或是如寇斯比的故事那樣，他們認為他們可以矇騙過去。孩子知道你不是每次都知道他在想什麼，正好與心智理論的技巧同時發展出來。

心智理論的發展需要時間

心智理論是什麼？一個文學上的例子說不定可以幫忙解釋清楚。有一次，有人挑戰海明威（Ernest Hemingway），要他用六個字寫一篇小說，他用的方法就是心智理論最好的例子。你看了會馬上活化你自己的感覺。

For sale: Baby shoes. Never used.（廉售：嬰兒鞋，從未穿過。）

這六個英文字是不是使你感到很悲傷？使你不由自主去想，寫這個廣告的人發生了什麼事？你可以推論那個人的心智狀態嗎？

大部分的人可以，而我們用的正是心智理論，這個技術的基本就是了解他人的行為是由他的心智狀態所驅動的——他的信仰、意圖、慾望、知覺、情緒。心智理論這個名詞最初是由靈長類學家普利麥克（David Premack）創造出來的。它有兩個部件，一是洞悉別人心理狀態的能力；二是了解即使別人的心態可能跟你的有所不同，他的想法還是大致與你相同，所謂人同此心，心同此理，你會怎麼想，他大致也會這麼想，所以你才可以發展出了解別人心智運作的模式來。

這六個字可能來自嬰兒一出生就早夭的父母之手，你可以體會到十月懷胎一場空的悲傷。你可能從來沒有失去過孩子的經驗，你甚至還沒結婚、還沒孩子，但是心智理論的技術使你可以感同身受，產生同理心。這個世界上最短的一部小說，顯示出全世界人都能感受到的感覺。海明威認為這是他最得意的作品。

即使心智理論是人類行為的一個標竿，我們還是不認為人一生下來就有這種能力，在幼兒身上很難測量心智理論的能力，這種能力是慢慢開展出來的，受到孩子社會經驗的影響。你可以從孩子的謊言中看出時間刻畫的痕跡。騙人需要心智理論——這個偷窺別人的心、而且預測你在告訴他某件事後他會怎麼想的能力，需要時間的磨練才會純熟。

三歲以後，孩子開始說謊，不過那時技術尚未純熟，馬腳會露出來，但是他們學得很快。到四歲時，孩子每兩個小時就會說一次謊；到六歲時，進步到每九十分鐘說一次。當孩子的詞彙和社交經驗多了以後，謊話越來越無懈可擊，應用的層面越大，你都察覺不出來了。

這個時間性讓研究者看到孩子的道德推理是跟年齡有關的。孩子可能生下來就有一些道德本能，但是它需要時間成熟。

道德推理如何發展出來

哈佛心理學家柯柏認為，道德推理發展跟一般認知能力的成熟有關——也是這些事情需要時間的另一種說法。假如決策有很強的情緒根源（下面馬上會談到），我就會說道德推理決定於情緒成熟。雖然有人批評柯柏的理論，他的看法還是非常有影響力，他的指導教授皮亞傑也仍然有很大的影響力。他們對道德的看法到現在還在學校、少年感化院甚至監獄中看得到。柯柏把道德發展分出幾個漸進歷程：

1. 避免處罰。道德推理開始於一個非常原始的層次，主要聚焦在避免處罰上。柯柏把這個階段叫做前約定俗成的道德推理（pre-conventional moral reasoning）。

> 四歲時，孩子每兩個小時會說一次謊。到六歲時，進步到每九十分鐘說一次。

2.考慮後果。當孩子的心智逐漸發展時，他開始考慮行為所帶來的社會後果，開始依據大家能接受的準則去改善他的行為。柯柏把這個階段叫做約定俗成的道德推理（conventional moral reasoning）。

3.依原則行事。最後，孩子開始以深思熟慮、客觀的道德原則，做為他行為選擇的基礎，不再只是為了避免懲罰或同儕的接受。柯柏把這個階段叫做後約定俗成道德推理（post-conventional moral reasoning）。每一個父母的目標就在這裡。

孩子不見得能獨力到達這個第三階段，除了時間和經驗，還需要有智慧的父母引導監督，使孩子的行為跟天生的道德文法相符合。這很困難的一個原因是，孩子看到不好的行為會模仿，然後他們**學會**了。即使這個壞行為遭到懲罰，它還是很容易從孩子的大腦被提取出來，心理學家班都拉（Albert Bandura）用一個小丑來幫忙顯示這一點。

從小丑波波得到的教訓

在一九六〇年代，班都拉給一群幼稚園的小朋友看一段影片，片中波波（Bobo）這個小丑洋娃娃是個吹氣的玩具不倒翁。在影片裡，一個叫蘇珊的大人對波波拳打腳踢，還用槌子敲波波的頭，十足的暴力。看完影片以後，這些小朋友被帶到一間充滿各式各樣玩具的房間，裡面有一個波波小丑，還有一把槌子，結果呢？

假如他們看到的是蘇珊的壞行為受到表揚，他們就會有樣學樣，拚命打波波；假如他們看到的是蘇珊受到懲罰，他們就比較不會那麼打波波。但是假如班都拉這時走進房間說：「假如你們能像蘇珊剛剛那樣做，我就給你們獎品。」那麼不論他們看的暴力是被處罰的還是受獎勵的，小朋友都會拿起槌子開始敲打波波的頭，他們都學會了這個行為。

班都拉把這叫做「觀察的學習」（observational learning）。他顯示小孩（大人也一樣）可以從觀察別人的行為中學到很多，它當然也可以是正向的學習。有一齣墨西哥的肥皂劇，劇中主角很愛看書，叫觀眾去參加閱讀課，結果增加了全國的閱讀識字率。班都拉的發現對大眾教學是個強有力的武器。

觀察的學習在道德發展上扮演重要的角色，這是大腦天生能力中的一項，請看下面的例子。

你會犧牲一個人來救五個人嗎？

請想像你在這兩個假設的情況下會做的事：

1. 假設你在駕駛一輛電車，它的煞車突然壞了，你完全無法控制速度，正快速衝下山坡。你來到一處軌道的交叉口，突然發現你處在一個無法雙贏的情境下：假如你不做任何事，這輛車會走上原來規畫好的左邊軌道，那裡有五個工人在施工；假如你把車子導向右邊的軌道，你會撞死站在那邊的一個人。你會如何選擇？

2. 假設你站在天橋上，橋下有一輛電車朝你的方向衝過來，你可以看見這輛車失控了，這條路沒有分叉，而前面有五個工人正在施工，馬上會被撞死。但是你突然看到有個很肥壯的人站在你前面，假如你把他推下去，他的身體會阻擋住電車的前進，就可以救前面軌道上的五個人。你會怎麼做？

兩個例子都是同樣的比例，五死比一死，但是絕大部分的人覺得第一個例子容易回答，他們會把車子導向右邊，死一個人而不會死五個人；第二個例子就不同了，因為把人推下去是謀殺，大部分人會不願意做出謀殺的事，雖然還是死一個救五個。

但是，假如他們大腦受傷了，選擇就不同了。有個部位在眼睛的上面、前額的後方，叫腹內側前額葉皮質，假如這個地方受了傷，病人的道德判斷就受影響，對他們來說，謀殺跟他們的選擇沒什麼關係。他們認為五個人的生命當然比一個人的有價值，他們會把肥壯的人推下去，救五個，死一個。

這是什麼意思呢？假如道德是大腦天生就有的神經迴路，那麼，這些區域受傷應該改變我們做道德決定的能力。有的研究者覺得研究結果正足以說明，有的研究者則不這麼覺得，因為他們認為這是個假設的例子，而沒有人能把假設的決定應用到真實生活，瞬間做決定。這個問題有解嗎？或許有，有個死了兩百年的哲學家，他的看法可能可用。哲學大師休姆（David Hume）認為基本的感情（base passions）是道德決定的動力，康德（Immanuel Kant）則認為無私的理性（dispassionate reason）才是道德決定背後的推手。現在的神經科學家賭休姆是對的。

有些研究者認為我們有兩套道德推理的神經迴路，因為這兩個系統常常爭論不休，所以道德衝突和道德決定才會出現。第一個系統是做理性的道德選擇，救五個人的決定比救一個人的決定有道理。第二個系統是比較私人的，甚至情緒的，它是康德迴路的死對頭，這些神經元讓你在心眼裡看到一個肥壯的人無辜的跌死，讓你想到他和他的家人的感覺，讓你了解是你造成這個可怕的死亡。這個休姆式的看法使大部分人的大腦停下，然後否決這個選擇。大腦的腹內側前額葉皮質媒介著這個哲學上的掙扎，當它受損時，休姆就只好走路。

失去情緒，你就失去決策力

當我們說父母要教養孩子成為一個有道德的人，是什麼意思？我們在前面的章節中看到，情緒是孩子快樂的基石，看起來，它同時也是道德決策的根本。有一個石破天驚的發現來自艾略特（Elliot）的故事，神經科學家狄馬吉奧（Antonio Damasio）報告了他的故事。艾略特的故事跟蓋吉（Phineas Gage）的很相似，蓋吉是十九世紀的鐵路工頭，一根鐵棍意外插入了他的額葉，使他的性格整個改變。艾略特並沒有受傷，但是他的大腦長了一個瘤，也在額葉，當醫生開刀把瘤切除之後，艾略特跟蓋吉一樣，也變成了另外一個人。狄馬吉奧注意到他有四個異常的改變：

他原是一個很有責任感、在社區中很受尊敬的人，但是現在他變得很衝動、沒有紀律、會在社交場合出洋相，這些不當的行為導致他失去老婆、工作及社區對他的尊敬。他最後破產了。同樣的事情一個世紀前也發生在蓋吉身上。狄馬吉奧給艾略特做了一系列的認知測驗，發現艾略特的智商很高，記憶力很好，人格測驗也沒問題，那麼他的毛病到底出在哪裡？線索來自手術後的第二個異常處：艾略特失去了情緒，給他看會激起一般人情緒的圖片，如撩撥性慾的，他則無動於衷。他的情緒生理反應是平的，一點起伏都沒有。

第三個改變是他的致命傷，雖然這聽起來一點都不是問題：艾略特失去了做決定的能力。不管是上哪一家館子、點什麼菜，他都不能做決定，他甚至不能決定收聽哪一家電台的廣播、用哪一隻筆寫字或採用哪一個順序。他的生活變成一長串的模稜兩可。

這使迪馬吉奧看到第四個異常之處：艾略特無法做出道德判斷。他完全不在乎他的不能做決定的行為，使得他婚姻破裂、宣告破產，或在社會上被人看不起、走出去無人願意跟他打招呼。抽象的測驗顯示他知道對和錯，但是他表現出來的行為或是內心的感覺，都讓人覺得他分不出對錯。他記得他曾經有過這種感覺，但是現在在遙遠的道德濃霧中失去了。就像學者葛林（Patrick Grim）觀察到的，艾略特的**行為**已經和埃利厄特的**所知**分了家。

這真是個不可思議的發現，因為他不再能把感情的反應放入他的實際判斷中；他完全失去做決定的能力，他整個做決定的機制垮掉了，把道德判斷也拖下水。

其他的研究也發現失去情緒等於失去決策能力。我們現在知道在兩歲以前腹內側和額極前額葉（polar prefrontal cortex）受損的孩子，會有像艾略特這樣的行為出現。

大腦如何連結事實和情緒

假如你能在大腦忙著做道德選擇時，偷窺一下它的工作情形的話，你會發現大腦內部許多區域都活化起來，像電視《料理鐵人》（*Iron Chef*，譯註：模仿日本富士電視台所推出的烹飪比賽節目，在美國頗受歡迎）。外側眼眶皮質（lateral orbitofrontal cortex）、背側前額葉皮質、腹紋狀體（ventral striatum）、腹內側下視丘（ventromedial hypothalamus）和杏仁核都活化起來了。情緒和邏輯是遍布整個大腦中。我們如何使康德（邏輯）和休姆（情緒）從這些結構中脫身呢？我們知道表層是提取事實的，深層則處理情緒，它們之間用腹內側前額葉皮質相連，這當然是把它簡化了，但是不妨把腹內側前額葉想成舊金山的金門大橋（Golden Gate Bridge），連接舊金山到它北面的馬林郡（Marin County），科學家認為兩邊是這樣流通的：

1. 一個情緒發生了。當孩子的大腦碰到一個道德上的兩難時，舊金山先活化起來。孩子深層、大部分是潛意識的迴路產生一種情緒反應，它像個便利貼，要大腦注意。

2. 訊號穿過金門大橋，訊息透過腹內側前額葉皮質往上送。

3. 事實中心（fact center）開始分析並決定怎麼做。訊號到達馬林郡，孩子的大腦讀了便利貼並拿定主意，它判斷對和錯，是關鍵性訊息還是雞毛蒜皮的事，是必要做的還是選擇性的。最後這個決定就由行為執行出來，我們就看到了。

這全部的作業時間只有幾毫秒這麼快的速度，產生情緒的地方必須和理智的地方配合得很好才行，所以我們無法區辨出是誰開始活化，誰喊停。這個配合非常緊密，我們可以說，沒有不理性就不可能達到理性（without the irrational, you can't achieve the rational），就如科普作家雷勒（Jonah Lehrer）在他的書《大腦決策手冊》（*How We Decide*，中譯本天下文化出版）中說的：「一個不能處理情緒的大腦是不能決定它要幹什麼的。」

這個生理上的原因告訴我們，情緒的調節在養成孩子的品德上非常重要。執行功能也是。能夠健康的綜合這兩個歷程，會長長久久地幫助你的孩子與他內心的德蕾莎修女（Mother Teresa）保持接觸。

養成道德小孩：規則和紀律

所以現在問題變成：假如孩子天生就有一些建構道德的材料，我們怎麼幫助他建構出一間值得住的房子？我們怎麼使他的道德內化？

教養出道德孩子的家庭都有非常明確的規則和紀律——雖然這並不是行為的保單，但這是目前研究者能給的最好忠告。這裡面有許多互相糾結的部件，我想我太太廚房的例子說不定可以解釋清楚。我們平常把一張三腳矮凳放在冰箱旁邊，使孩子可以拿到冰箱內的東西。你可以把這張小凳子想成道德覺識的發展，或是良心，凳子的每一隻腳代表了它對良心的支持，你需要三隻腳都齊全，凳子才能站穩，孩子站上去才不會摔跤，它也才算達到一張凳子的功能。這張很穩的凳子提供了孩子道德的反射。這三隻腳為：⑴清楚、一致性的規則和獎勵；⑵快速的懲罰；和⑶解釋規則。

我借用電視的場景來說明每一個的意義。

◆第一、清楚、一致性的規則和獎勵

一個小男孩在餐桌上揍了他弟弟一拳，「我要你的冰！現在就要！」爸媽露出驚恐的表情，一位優雅、有著英國口音的女士也在飯桌上，她似乎對這現象司空見慣了，她在快速的做筆記，

好像產品試用員。「你現在打算怎麼做？」她很冷靜的問父母。這男孩又打了他弟弟一拳。母親很嚴厲的說：「你再打弟弟，就沒有甜點吃。」他又揮了一拳過去。母親低頭看著她的盤子，爸爸憤怒的把頭轉過去，這對父母似乎完全不知道該怎麼回答這位英國女士的問題。

歡迎來到介入性的電視保母世界。你可能看過這些實境秀，它們全都有一個熟悉的公式：這些父母顯然對情境沒有任何的控制權，允許攝影人員進入他們的生活，這一切都有一位專業保母伴隨，這位女士有著英倫三島的口音，她好像是諾丁罕警長來清理這個房子的（譯註：英國口音暗指包萍〔Mary Poppins〕，一位英國傳說中的保母，乘著一把黑傘從天而降；諾丁罕警長指的是英國約翰王時代，劫富濟貧的羅賓漢的死對頭）。這位保母有一週的時間來改變這個家庭，要這對父母轉型成既有愛心又能堅持紀律的父母，把他們的小惡魔轉化為天使。這些場景如下：

兩歲多的小艾登不肯上床睡覺，用盡了力氣在哭嚎，他知道當他的父母親說：「關燈睡覺，我是說真的。」時，父母根本不是玩真的。如果父母說熄燈，通常也不會真的執行，保母的眉頭皺起來了，通常要艾登上床睡覺，得花上好幾個小時才做得到。

小男孩麥可不小心在樓梯上摔了一跤，手上的書統統都掉到樓下去，這個孩子嚇壞了，想趕快找個地方躲，預期他脾氣陰晴不定的爸爸會大聲罵他。果然挨罵了，超級風暴級的。這位保母介入了，她走向男孩，幫他把書撿起來，然後用很疼惜而親切的聲音說：「你看起來很害怕，麥可，你爸爸嚇到你了嗎？」小麥可點點頭，然後上樓去。那天晚上，保母像英國勇猛的牛頭犬，好好的教訓了父親一頓，告訴他孩子需要覺得安全。

阿曼達很努力想自己準時上床睡覺，她先前可是頑強抵制。但是她這份努力父母並沒有注意到，因為他們忙著在追她雙胞胎的弟弟，叫他們去刷牙。一旦把雙胞胎抓上床了，父母就癱在電視機前面。保母把被忽略的阿曼達送上床，跟她說：「你今天自己梳洗完了上床，做得很好，你一點都沒有去煩你的爸媽，真是了不起！」

這位電視保母的解決方式，有時很令人惱怒，有時做得恰到好處，但是在這些例子中，應用的都是我們三隻腳理論中的第一隻腳：一致性的規則而且規律性的獎勵。請注意他們怎麼做，特別注意四個特質。

你的規則必須合理而且清楚

在上面艾登的例子中，這個小孩要不就是沒有固定的上床時間，要不就是全然不理會它。他唯一的行為指引是他父母的行為，很不幸的是，父母的行為搖擺不定且模稜兩可。艾登沒有遵循的方向，父母在忙了一天以後，也沒有什麼力氣再跟孩子奮戰，難怪他會尖叫哭喊。

保母的解決方式？第二天，她畫了一張作息表，把規則和父母對孩子的預期清清楚楚的寫在表上，包括合理的上床時間，然後把它掛在全家都可以看到的地方。這張表產生了一個客觀的權威，因為：⑴這規則是合理的，可以做到的；⑵寫得很清楚；⑶每個人都看得見。

執行規則時，你是溫暖接納的

麥可，那個想躲起來的男孩，顯然以前被罵過很多次，他害怕得發抖就表示那時他沒有安全感，也表示他可能一直都沒有安全感（因為不小心把書掉在地上就會挨罵，表示他可能一直都沒有安全感）。這對保母來說是個警訊，她想把安全的感覺傳給孩子，請注意她立即表示出來的同理心——她後來去訓了麥可的爸爸，告訴他，如果他希望麥可的行為改變的話，他需要用一種比較平靜、比較可以測量（而非陰晴不定）的反應。令人驚訝的是，這爸爸居然聽進去了。

你現在已經知道，大腦最主要的興趣是在安全感上。假如規則是在沒有安全感的情況下執行的話，大腦只有一個反應，就是快逃，離開這個威脅；假如你是以溫暖接納的態度執行規則，道德的種子就會在你孩子的心中生根。

所以，你要有非常清晰的規則，而且在執行時溫暖接納。下面兩個步驟是當規則受到遵守之後，你該怎麼做。

每一次孩子遵守規則，你就要誇獎他

科學家（和好的父母）很早就發現，你可以增加你所要的行為的頻率，假如你鼓勵這個行為的話。孩子會對懲罰做反應，沒錯，但是他們更會對稱讚做反應。稱讚不會有負作用，又會得到比較好的效果，行為主義者把這叫做正增強（positive reinforcement）。你甚至可以用它去鼓勵那些尚未出現的行為。

假設你要你越來越不愛動的三歲孩子更常做運動或遛鞦韆，但是他不喜歡去外面，遑論運動或遛鞦韆，你該怎麼做？與其等待三歲的孩子去遛鞦韆，你可以在每一次他靠近門時就獎勵他，過一陣子後，他就會花比較多的時間在門邊；這時，你等到他去開門時再獎勵他，然後等到他踏出門、到了外面了，才獎勵他；最後，他要爬上鞦韆你才獎勵他，你們兩個可以一起玩。這個歷程叫做「形塑」（shaping），你要有耐性，但是一般來說，不會花很多的時間。知名的行為主義學家史金納（B. F. Skinner）曾經訓練一隻雞去翻書頁，好像雞會讀書似的，而他不過才花了二十分鐘，人類比雞容易塑造多了。

你也同時獎勵壞行為的不出現

記得阿曼達嗎？這個自己上床，她的父母忙著看電視、不管她的小女孩。父母並沒有獎勵她沒吵沒鬧就自己上床的行為，但是保母有。獎勵壞行為的不出現跟獎勵好行為的出現一樣重要。

研究者測量父母對道德行為四個策略的效果。當溫暖接納的父母親把合理且清楚的規則講給孩子聽，並獎勵好的行為，孩子到四歲或五歲時，就已經把這些品德的建構內化了。這些就是包姆林威信型金牌獎的教養方式。你並不需要用到所有的工具，但是統計顯示，假如你都不用它，你就不會得到好教養的孩子。

反觀自己

你有這樣做到嗎？還是你認為你有做？使父母改變行為的難處之一是如何使他們親眼看到自己的行為對孩子的影響。保母用錄影方式幫助父母親看到他們怎麼對待孩子，尋找每一個人表情的線索，把它指出來。研究者也是用這個方式。

例如萊登大學（Leiden University）的貝克曼—克倫能堡（Marian Bakermans-Kranenburg）把攝影機帶入一百二十個家中有一歲到三歲孩子的家庭，觀察地球上最難款待的孩子：那些表現出有毒的侵略攻擊行為、不合作、抱怨和尖叫的異常抗拒的孩子。她和她的工作人員剪接出可以用來教父母的錄影帶，教父母如何偵察孩子行為的線索——那些他們過去沒有看到或錯誤解釋的線索，他們給父母看會得出反效果的父母對待方式。透過這種教學方式，孩子的壞行為降低了百分之十六，對這個領域來說，這是很高的比例。實驗組中的母親大都能夠繼續讀書給孩子聽，在一次面談中，貝克曼—克倫能堡說，父母找到了一個他們「過去以為是不可能而不存希望的安靜時間」。這是強有力的肯定。

◆第二、快速的懲罰

雖然不願意，我有時候會不由自主的想起當我在華盛頓大學念書時，連續殺人犯邦迪（Ted Bundy）也在同一所大學附近犯案。我每次想到他就覺得很恐懼，我要怎樣教我的孩子才能使他們將來不會**變成**邦迪？我要怎樣保護他們使他們不會碰到像邦迪這樣的壞人？

邦迪最喜歡的謀殺方式是用鐵橇敲被害人的頭，他在殺死被害人之後再姦屍，前後共殺了一百名左右的婦女，一般人實在無法想像這種恐怖。邦迪最恐怖的地方是他外表看起來完全正常，英俊、聰明、機智，他差一點走上政治的路，他在上流社會遊走，像外交官一樣的能言善道，有一張相片是他和女朋友在開一瓶酒，看起來是個關心別人、顯然墜入愛河的年輕人，但是在照這張相片時，他已經殺了二十四個女人。

研究者多年來想了解像邦迪這種人的行為，他們一直沒有找到好的答案。我們通常會懷疑破碎的家庭、暴力虐待孩子的父母，這些條件邦迪統統有，但是其他人也有這些不幸，大部分的人沒有變成連續殺人犯。大部分所謂的心理病態（psychopath）都有一個共同點——不能把情緒跟他們的行為連接起來；這行為不見得是暴力行為，他們也不見得是有暴力傾向的人。邦迪顯然是情緒成熟、有情緒能力的人，他不但能裝出很喜歡社交的樣子，對自己還有很豐盛真誠的感覺（譯註：通常這種殺人犯被認為有反社會人格，但是邦迪表現出來的卻是親社會人格，所以令犯罪學家和精神病學家不解）。他是個自戀者，一直到他坐上佛羅里達州的電椅執行死刑時都還是。到現在，大家對邦迪的道德全然崩潰行為還沒有一個好的解釋。

邦迪知道社會規則，但他卻沒有去遵循，我們怎麼能確定我們的孩子會遵守？我們如何改正任何我們不喜歡的孩子行為，讓孩子把改變內化？答案是紀律。

用減法來增加：負增強

研究者區分兩種紀律策略：負增強（negative reinforcement）和懲罰（punishment），兩種方法都是去處理厭惡的情境，但是負增強會強化行為而懲罰會減弱行為。

當你自己還是個孩子時，你可能發現，把燙到的手指浸在冷水中，馬上覺得不痛。當一個反應得到好處時，你會重複這個反應，下次你再燙到手時——所謂「厭惡刺激」（aversive stimulus）——你會馬上去尋找最近的水龍頭，這就叫做負增強，因為你的反應增加了，它去除（或是避免）厭惡刺激。這與正增強不同，正增強會導致更多的好經驗，你會想重複這個行為；負增強也可以強有力，但是在應用上要很小心。

我認得一個學齡前的小女孩，她非常渴望母親的注意，她從兩歲起（所謂「可怕的兩歲」）開始會故意的把玩具丟到樓下，干擾到整個家庭的生活，她好像很喜歡這個行為，不久就變本加厲，把各種東西都丟到樓下去。母親的書是她最喜歡的東西，在西雅圖，這變成最後一根稻草（譯註：作者的意思是西雅圖人愛書，不能忍受扔書），母親跟她講理、勸說，當一切都無效時，母親祭出家法，打屁股，但是還是無效。

為什麼母親的勸說、講理、打板子都無效？因為這正是小女孩冀求的——母親的注意力。所以母親要打破這個壞習慣其實是要忽略她（當然先要把書鎖起來），要先打破這個樓梯和注意力之間的關係。所以母親要在孩子行為符合家庭的規範時特別去注意她，給她獎勵。這位母親於是在女兒打開書來看而不是丟書時大大的讚美她，這丟書的習慣就在幾天之內改掉了。

有時候情況需要更多的直接介入，懲罰其實是跟負增強有很密切的關係，研究者認為懲罰有兩種。

讓他們犯錯：用實作來懲罰

第一種叫做用實作來懲罰（punishment by application）。它有反思的性質，你的手碰到熱爐子，馬上被燙到，你就學會了不可去摸爐子，這種自動化的學習非常有效。研究發現如果讓孩子從他們的錯誤中學習時，他們內化這個行為的後果最好，例如：

有一天我的孩子在商店裡大發脾氣，把他的鞋子和襪子都脫掉，我不與他多囉嗦，我讓他光腳走到外面幾呎深的雪中，才兩秒鐘，他就說：「媽咪，我要穿鞋。」

這是目前所知最有效的懲罰方式。

把玩具拿走：用拿走來懲罰

第二種懲罰方式是減法，叫做用拿走來懲罰（punishment by removal）。例如，你的孩子打他的妹妹，你就不准他去參加別人的生日派對；或是叫他回房間去，不准他玩現在在玩的東西（在成人身上就叫進監牢）。下面是一個母親描述這方法如何對她有效：

我二十二個月大的兒子在晚餐時大發脾氣，因為他不喜歡今晚的菜色，我讓他去他房間直到他停止叫喊（大約花兩分鐘），才讓他回到晚桌上，這是第一次他回來後把食物吃完了。他吃了馬鈴薯泥、漢堡及派，媽咪得分1，兒子得分0，勝利！

不管哪一種懲罰，在合適的情況下，都會產生有效且長期的行為改變。但是你必須遵照某些規則，才會得到有效的結果。這些引導的規則是必須的，因為懲罰有它的上限：

- 它壓制行為，而不是教予孩子對錯誤行為的知識。
- 它本身並沒有提供行為的指引，假如父母沒有解釋為什麼這行為是不對的，孩子不會知道用哪個行為來取代這不對的行為。
- 懲罰會引起負面的情緒——恐懼和憤怒——它會引起孩子反感，結果親子關係會變成更頭大的問題。假如你懲罰得不當，會有反效果出現，甚至破壞你跟孩子之間的親子關係。

懲罰有效的準則

怎樣能不懲罰孩子？可以看看一九七九年的電影《克拉瑪對克拉瑪》（*Kramer vs. Kramer*）。這部電影講的是父母離婚對孩子的影響，達斯汀・霍夫曼（Dustin Hoffman）飾演一個工作狂父親，一點都沒有做父親的天賦。

電影一開始時，小男孩不要吃晚飯，他要巧克力冰淇淋，「沒吃完晚飯不可以吃冰淇淋。」爸爸說。孩子不理他，自己搬張椅子爬上去，打開冷凍櫃，取冰淇淋出來吃，「你最好不要這樣做！」父親威脅道。孩子不理，自顧自打開冰箱，「我警告你，你最好現在馬上停止！」孩子把冰淇淋拿出來放在桌上，好像爸爸是隱形人。「喂！你聽到我說的話嗎？我警告你，你假如吃一口，你就完了。」孩子把湯匙插入冰淇淋盒中，眼睛看著爸爸。「你敢？你把冰淇淋放進嘴裡試試看。」孩子把嘴張大。「你試試看！」孩子把冰淇淋吞下去，這時候，爸爸把孩子從椅子上抓起來，丟進他的臥房，把門關上。孩子喊道：「我恨你！」爸爸也喊：「我也恨你，你這個小混蛋！」

冷靜的頭腦顯然不是很普遍，下面四個準則顯示如何使懲罰有效果。

● **懲罰是必須的**。懲罰一定要堅定，它不是虐待兒童，它也不是稀釋的後果。厭惡刺激必須是令人厭惡的才會有效果。

● **懲罰要有一致性**。懲罰一定要有一致性，每次違反規則就會得到懲罰。這是為什麼熱的爐子會馬上改變行為：每一次你去摸熱的爐子，每一次你都會被燙到。懲罰也是一樣，你如果允許例外，這行為就很難戒掉了。套句俗話：你說是就是，說不是就是不是，沒有討價還價的餘地。一致性不是只有時間上，從今天到明天皆如此，它還必須從媽媽到爸爸到保母、到繼父母、到祖父母、姻親等全部都有一致性才會有效。孩子是非常聰明的，一個規則若不能嚴格執行，他們馬上會發現矛盾的地方，找出漏洞，你絕對不能給他們機會去挑撥離間，然後漁翁得利。

- **懲罰必須是立刻的**。假如你想教一隻鴿子啄一個鍵，但是你的獎賞卻是在啄鍵以後十秒鐘才給牠，可能訓練一整天鴿子還是學不會；如果你把獎賞的間隔縮短到一秒，鴿子在十五次之內就學會了。我們的大腦跟鴿子不一樣，但是無論是被懲罰還是被獎勵，我們對延宕的反應卻跟鴿子很相像。研究者測量我們在真實世界的情境中，發現懲罰和錯誤行為的時間間隔越短，學習的速率越快。
- **懲罰必須在情緒安全的情況下**。懲罰必須在一個溫暖的氣氛、孩子情緒安全的情況下施行，只有在孩子覺得安全下的懲罰才有效。演化上對安全感的需求非常強有力，規則本身其實就帶給孩子安全感，「噢！父母很關心我，才會在乎我的行為。」孩子會這樣看待，即使他不感激你，至少他知道你在乎他。假如孩子不覺得安全，前面三種要素都沒有用，甚至有害！

那不是你的玩具

我們怎麼知道這四個準則？大部分是從一系列的實驗而來，它叫「禁止的玩具典範」（Forbidden Toy paradigm）。假如你的學前孩子有參加派克（Ross Parke）的實驗，他就會經驗到下面這些歷程：

你女兒和一位研究者在一個房間裡，桌上有兩個玩具，一個非常吸引人，一個不討人喜歡，當她伸手去摸那個她喜歡的玩具時，就有一個很大的噪音出來，在有的實驗情境是除了很大的噪音，還伴隨著嚴厲的責罵，不准她碰那個玩具。但是當她去摸那個不吸引人的玩具時，沒有噪音出來，研究者也不罵人，你女兒很快的學會了這個遊戲：那個吸引人的玩具是**不准摸**的。

現在，研究者離開房間了，但是實驗尚未結束。攝影機繼續拍下當她獨自一人在房間時，她會去玩哪一個玩具？派克發現她會去摸哪一個玩具決定於很多變項：實驗者操弄摸玩具和噪音出現的時間間距，權威者的形象和不喜歡的噪音的強度，及不吸引人的玩具有多不討人喜歡。從許許多多依這個典範去做的各種實驗中，實驗者發現後果的嚴重性、一致性、時間性和安全感，是我們剛剛說的父母恰當懲罰的四個指標。

◆第三、解釋規則

想要一個使所有的懲罰形式更有效的簡單方法嗎？第三隻支持道德覺識圓凳的腳就是在你做出清楚的命令的時候多加一句。

沒有給理由：「不准摸那隻狗，不然你會被禁足。」

有給理由：「不准摸那隻狗，不然你會被禁足。那隻狗脾氣不好，我不希望你被狗咬。」

哪一個句子你會得到比較多的正向反應？假如你跟世界上其他人一樣的話，答案是第二個句子，派克的實驗顯示，當你給孩子一些認知上的解釋時，孩子聽你話的比例就大大上升。這個理由包括了為什麼有這個規則，以及它的後果（這一點對大人也適用）。

你也可以在孩子犯了規以後用這個方法，假設你的孩子在一間安靜的戲院裡喊叫，這個懲罰應該包括解釋為什麼不能在戲院中喊叫，它如何會影響別的觀眾，他要如何彌補他的過失，如道歉等等。

教養的研究把它稱之為「歸納的紀律」（inductive discipline）。它非常有效，很多有成熟道德態度的孩子，他們的父母都是這樣教的，心理學家認為他們知道為什麼。讓我們假設小艾隆在考試前偷了同學吉米的鉛筆，懲罰是今晚艾隆吃晚餐後沒有甜點可吃。但是父母不是僅處罰他而已，父母對他的解釋可以從：「你有沒有想過，吉米沒有了鉛筆，他怎麼考試？」一直到「我們家沒有人偷東西」。艾隆同時被要求要寫一張字條向同學道歉。

下面是當多年來持續的向孩子解釋時，艾隆的這個行為會變成什麼樣子。

1. 當艾隆在未來想要做同樣這種不被允許的行為時，他會記得這個處罰。他的生理反應會更激烈，產生更多的不舒服感覺。

2. 艾隆會對這個不舒服、不自在的感覺做內在的歸因，例如：「假如吉米考得不好，我會感到很難過」「假如他偷我的鉛筆，我也會不高興」「我比以前乖」等等。你孩子的內在歸因源自你在改正他的行為時給他的理由。

3. 現在，知道為什麼他覺得不自在了，他想要避免這種感覺，艾隆會把這個教訓類化到別的情境上。「我可能也不應該偷吉米的橡皮擦」「或許我就是不該偷東西」。

現在，給幾百萬個青少年犯罪保護人員和警察拍拍手，喝采一下。這種歸納的教養方式提供了一個全然可適應、內化的道德敏感——與他先天的直覺一致，很相容（艾隆第二天被要求寫道歉信給吉米）。

被懲罰而沒有告知為什麼的孩子，不會有這個內化的歷程，派克發現這種孩子只會把他們的知覺外在化。「假如我再做，我就會被打屁股。」所以他們會一直在尋找權威人的身影。是外在的威脅使他們不敢做，並不是內在道德的羅盤在引導他們的行為。那些不能到達第二步驟的孩子自然到不了第三步驟，他們家離那個用鉛筆戳同學臉頰的丹尼爾又更進一步了。

結論就是：提供清楚一致性界限、而且**把理由解釋得很清楚**的父母，一般來說會教養出有品德的孩子。

◆沒有一體適用的策略

注意到我說「一般來說」嗎?雖然歸納的紀律是強有力的,但是它並不是一體適用的策略。每個孩子天生的氣質是一個重要的因素,對那些天不怕、地不怕、什麼都敢試的幼兒,歸納的紀律就沒什麼大用處,它太微弱了。天性比較害怕的孩子對嚴厲的校正可能會認為大禍臨頭,而他比較不害怕的兄弟只聳聳肩而已。有些孩子需要鐵腕對付,有些要溫和對待,但是所有的孩子都需要規則。因為每個孩子大腦的迴路不同,你需要知道你的孩子他大腦對情緒的反應是什麼樣,然後修正你的管教方式。

你該打孩子屁股嗎?

許多國家明文規定不准打孩子,美國沒有。三分之二的美國父母贊成打屁股,百分之七十四的父母在他們的孩子四歲生日前打過孩子屁股。一般來說,打屁股是屬於用移除的方式來懲罰的類別。

多少年來,研究者希望發現這個方式有用的地方,卻得到混淆、甚至完全相反的結果。一個美國心理學會（American Psychological Association）支持、由兒童發展專家所組成的委員會，調查文獻中對打屁股的好壞處的看法。這個委員會最後的報告是反對體罰（corporal punishment），他們找到證據證明打屁股所引起的行為問題，比其他懲罰來得多，製造出比較有攻擊性、比較沮喪、比較焦慮的孩子，他們的IQ也比較低。

二〇一〇年春天，美國杜蘭大學（Tulane University）公共衛生學院的研究者泰勒（Catherine Taylor）做了一個研究，發現三歲時每個月被打過兩次以上屁股的孩子，到五歲時比控制組的攻擊性高出百分之五十，這是在控制了他們母親抑鬱、酗酒、吸毒或家暴這些變項後，仍然如此。

你聽到了憤怒的打字聲嗎？那是幾千個部落客在活動，他們非常不贊成這個發現。「這只是相關的數據而已！」一個人說（沒錯！），「並非所有的專家都同意！」另一個人說（也沒錯！），「缺少情境依賴（context-dependent）的研究！」也就是說，我們怎麼知道這個打屁股是發生在一個溫暖的家庭中還是在一個冷漠、無感的家庭中？這兩種家庭的打屁股有差別嗎？（我們的確不知道！）父母的意圖是什麼？反對的理由一大堆。許多人認為現在的孩子得到父母關心和教養的機會越來越少，現代的父母越來越不敢管孩子了。我對這些關心深表同情，然而，數據卻不是如是顯示。在大腦中，是延宕模仿本能在和道德內化傾向（proclivities）在爭鬥，打屁股是比較暴力、比較容易引發前者，而不是後者的活化。

社會學家史特勞斯（Murray Straus）長期以來致力於相關調查研究，他在接受《科學美國人心智》（*Scientific American Mind*）的訪問時表示，打屁股和不良行為之間的關聯，比暴露在鉛的環境和低ＩＱ之間的關聯更明顯，甚至比抽二手菸和癌症之間的關係更強。很少人會爭辯鉛和ＩＱ、二手菸和癌症之間的關係；的確，這方面的官司都是一面倒的，因為證據很強。所以，為什麼談到打屁股時，爭論就出來了呢？這是個好問題。

我知道要好好跟孩子解釋理由不容易，但是打屁股倒是很容易。依我的看法，打是懶人的管教方式，我太太和我就不打孩子。

◆孩子偏好的管教方式

多年以前，好幾個研究團隊想了解孩子對父母管教方式的看法。研究者問學前兒童到高中的孩子，他們認為父母的管教方式哪些有用、哪些沒用。他們的問題問得很好：孩子先聽一個不乖孩子行為的故事，然後問他們：「父母應該怎麼做？你會怎麼做？」研究者給他們一長串的教養方式清單。這個結果非常有啟發性，歸納的教養方式達到最高的統計效果，第二高是實際的處罰，什麼墊後呢？不顯示父母的愛或是懶得管教。

整體來說，孩子最喜歡的管教方式是歸納的方式加上偶爾顯示父母的權威。不

> 三歲時每個月被打過兩次以上屁股的孩子，到五歲時比控制組的攻擊性高出百分之五十。

過這個結果多少也跟受訪者的年齡有關：四到九歲的孩子最不喜歡懶得管教、父母不關心的那種方式，甚至比不顯示父母的愛更不喜歡；但是十八歲的反應就不一樣了。

從這些研究裡，我們看到如何教養出一個適應良好、有品德的孩子的方法，父母的規則只要出自為孩子好，對理由有一致性的解釋，孩子認為是合理且公平的，孩子會遵循它，而不會反抗它。記得包姆林的威信型教養方式嗎？嚴格但溫暖，這是在統計上最容易得到聰明、快樂孩子的方法。研究者發現，這些聰明快樂的孩子也是最有品德的孩子。

重點提示
Key Point

大腦守則

道德寶寶

- 你的孩子天生就有對和錯的觀念。
- 在大腦裡，處理情緒的地方和做決策的地方是一起合作來調節道德的覺識。
- 道德的行為需要時間去發展出來，也需要某些特定的指引。
- 父母親如何執行規則是關鍵：合理的、清楚的預期；一致性、快速的處理犯規；獎勵好的行為。
- 假如父母親解釋為什麼會有這個規定，它的後果是什麼的話，孩子最容易把這些規則內化為道德的行為。

第八章｜好睡寶寶

大腦守則

在你下定決心之前，請先測試一下

這支影片應該加註警語：「注意，以下所觀賞的影片可能會侵犯你的日常生活作息。」

山繆・傑克森（Samuel L. Jackson）是一個很熟悉這種暴力劇碼的人，你在《黑色追緝令》（*Pulp Fiction*）和《決殺令》（*Django Unchained*）這類電影中經常看到他。這回他在攝影棚中讀劇本，你馬上發現這個傑克森跟你過去認識和喜歡的傑克森不太一樣。他平常很嚴肅的臉，現在盡是溫柔的笑容，戴著學者型的眼鏡，連說話的聲音都像個充滿愛的慈父：「孩子，鎮上的窗戶都暗了，鯨魚都沉到海底去睡了。」

這齣劇本似乎很像童書《明天早上見》（*I'll See You in the Morning*），而不像傑克森的電影《飛機上有蛇》（*Snakes on a Plane*）——除了引誘孩子上床睡覺是這劇本的極終目的。但是後面的話對所有的新手父母來說就像延爆彈，充分的表現出傑克森先生滿口髒話的形象，他說：「我會再唸最後一本書給你聽，只要你保證聽完就給我滾去睡覺！」

傑克森念的是美國作家曼斯巴哈（Adam Mansbach）寫給成人看的童書《給我滾去睡覺！》（*Go the F**k to Sleep*）的內容。這本書在幾年前很暢銷，正式發行之前已在亞馬遜（Amazon）網路書店的排行榜上達三十天。

曼斯巴哈這本言詞不雅的書會熱賣，表達出一般新手父母在搖孩子睡覺時的心聲，當你連續四個晚上都不得好眠時，你對睡眠的渴望就像疲憊的游泳選手渴望氧氣一樣。你絕望地想得到使你的寶寶一覺到天明的偏方，任何偏方，只要能使孩子睡去、不哭醒的都好，你甚至後悔生了這個小孩。你肯定會詛咒自己一串粗話，難怪曼斯巴哈的第一本書就得到這麼多人的注意。

一夜睡到天明，或稱為睡過夜（sleep consolidation）是本章的主題，聚焦在出生的頭一年，我們會探索一些基本的睡眠神經科學知識，談談「睡眠大師」怎麼看這個問題，最後列出幾個實用的建議。

嬰兒睡眠的科學

你如何讓孩子睡過夜？我可以擔保你不喜歡我的回應：我沒有任何好的建議可以給你。

在小兒科圈中，讓孩子睡過夜的變項多到至今尚未分類完，我們不知如何將已知的因素組合成引導寶寶睡眠的模式，好提供給那些眼睛發紅、睡眠不足的父母，甚至不知道一個嬰兒每天必須睡多少個小時才夠這種基本的數據。我們可以記錄寶寶睡了多少小時，但是這跟他需要多少小時的睡眠無關。我們知道寶寶對睡眠的需求依他的年齡而有不同，剛出生的嬰兒肯定比六個月大的寶寶需要更多的睡眠，然而睡眠也依國家而有不同，六個月大的瑞士嬰兒每天睡十四個小時，日本的嬰兒只睡十一個小時，美國的嬰兒睡十三個小時。無疑地，環境和基因都有關係，不過我們還不知道它們各自佔的比例為何。我們現在只是在觀察一個不可預測的系統。

這正是為什麼市面上有這麼多有關嬰兒睡眠的書，每個人都在猜測。當然，這個情況並非沒指望，但是必須提醒父母一聲。我知道，假如你是個睡眠不足的父母，最不想聽的就是這些話，但你並不孤單。美國的嬰兒中，有百分之二十五到四十在生命的頭六個月有睡眠的問題，而這並非美國人獨有的問題，世界上大約有百分之十到七十五的新手父母說，他們的寶寶無法睡過夜，依國家而不同。西方的父母有三個主要的抱怨：寶寶晚上不容易入睡，好不容易睡著了又醒來太多次，第二天還醒得太早。

為什麼寶寶這麼難入睡？科學文獻認為這問題出自寶寶和父母。寶寶的問題包括孩子天生的氣質，孩子大腦「睡眠中心」（sleep center）的迴路每個人不同，睡眠中心逐漸受到大腦發展的影響，甚至環境因素（如對食物、光和被抱著的反應）。大人的因素包括對睡眠的看法和期待，社會情境對睡眠看法的影響，大人自己的氣質，他們小時候是如何被養育的記憶也影響他對睡眠的看法。

有人把讓孩子睡過夜比喻為兩個不太熟的人一起跳探戈，常常會踩到對方的腳，兩個人都因此大叫。這兩個人作為彼此的舞伴有多不同呢？我兒子在迪士尼世界（Disney World）最喜歡玩的一個遊戲可以解釋它。

◆恐怖塔

我的兒子們喜歡高——他們的爸爸也是——我們都喜歡那種自由落體的感覺，所以你可以想像我們那天在佛羅里達州中部迪士尼世界的驚魂古塔（Twilight Zone Tower of Terror）中的感覺。

我們所乘坐的電梯慢慢爬高到頂點，跟辦公室的電梯一樣。突然之間，你被往下拉（不只是地心引力的重力），產生失控往下墜那種自由落體的恐怖感覺。電梯連續好幾次突然的停頓、落下去、拉起來，甚至往左右擺，至少有一次是讓你掉落整座塔的高度，這是一個令人興奮又嘔吐的經驗。

這兩種電梯之旅，辦公室的和遊樂場的，完全描繪出我們對大人和嬰兒睡眠的了解。

◆大人的睡眠

大人的睡眠可以比喻成那部無聊、千遍一律的辦公室電梯。你從最高層開始，完全的清醒，然後開始愛睡，顯示正常的睡眠迴路開始啟動了；你開始慢慢走下睡眠的台階，失去意識，最後到達最底層，真正的睡眠開始。這通常發生在電梯啟動的九十到一百分鐘之間，在這個階段，你很難叫醒一個人，我們稱之為慢波睡眠（slow-wave sleep），或是非快速眼動睡眠第四階段（non-rapid eye movement stage 4, NREM 4）。

你在這個階段的底層並沒有停留太久，從演化過程來看，假如你有八個小時是不省人事的，可能早就變成別人的晚餐了。所以大約在NREM4 階段三十分鐘後，這部電梯開始往上升，你的眼睛還是緊閉著，但是眼球開始來回移動，這個階段叫做快速眼動睡眠（REM sleep），在這階段的你會翻身，動來動去，而且很容易被叫醒。

假如一切都很好，那你就不會完全醒來，你仍然繼續睡，過不久，又開始另一個週期。你的電梯又開始下降，會降到底層，又經過三十分鐘的NREM4之後，電梯開始上升，你的眼睛又開始來回移動，你再次進入快速眼動睡眠的階段。你一個晚上大約上上下下五次。

但是這裡有個小驚奇，即使在正常的情況之下，沒有人會一直睡過整晚直到天明的。很遺憾的是，這包括兒童。

◆嬰兒的睡眠

新生兒的睡眠最重要的一個事實就是：它完全不像成人的睡眠。嬰兒的睡眠只有兩種速度，即睡眠研究者佛伯（Richard Ferber）所謂的「活動睡眠」（active sleep）和「安靜睡眠」（quiet sleep）。這兩種速度在母親子宮中就已經建立了，我們在懷孕後期的中期就可以察覺到。只有兩種速度表示他們才剛剛開始學習如何睡眠。嬰兒一直要到好幾個月後才會出現像成人一樣可預測的睡眠週期，幾年後才會有像成人一樣的睡眠行為。睡眠對嬰兒來說是間歇性的，而父母必須被這間歇性的睡眠拖著跑：在一個好眠的晚上，成人的電梯是平穩的上下移動；在一個好眠的晚上，嬰兒的電梯是迪士尼世界中的驚魂古塔旅程。

為什麼會這樣?下面是研究者目前所知。

當胎兒還在母親肚子裡時，他們跟隨著母親的身體生化韻律，因為他們是透過胎盤和臍帶連接上母親的中央電腦系統。不只人類如此，所有的哺乳類動物都是定期從母體得到食物、水分和荷爾蒙（包括調節睡眠的褪黑激素〔melatonin〕）。出生後，這個原本很舒適的食物、水和睡眠的線索突然中斷了（我親手剪斷我兩個兒子的臍帶）。

這個剪斷的動作就使嬰兒跟大人的週期完全斷了關聯，新生兒立即必須自己解決這些吃喝拉撒睡的問題，而其中最重要的問題就是食物。有些學者認為這個改變了的清醒／睡眠形態剛開始主要是為了得到持續一致性的食物來源，新生兒每二到三小時就得吃一次，有些還更頻繁，所以他睡眠的形態就跟他進食的很相似了：即寶寶進食所需要的時間，消化食物、代謝食物到又感到飢餓加起來的時間，就是他睡眠的時間了。寶寶只有在吃飽之後才有可能去睡覺，因為覓食是動物的第一個本能。

請注意，我用的是「才有可能」這幾個字。有些嬰兒東西吃下去就像充電一樣，他們吃飽了並不想睡，他們想要玩、哭，或要你的注意力，因此餵食並不能確保睡眠。

◆活動睡眠和安靜睡眠

寶寶兩種睡眠的節奏大致上等同於大人的睡眠。活動睡眠有點像大人的快速眼動睡眠，這表示在這個階段的嬰兒是動來動去的，而且很容易驚醒。他們的呼吸比較淺，比較不規則。嬰兒會移動他們的眼球，眼皮也會顫動。他們也會舞動手腳，有時甚至會出聲。不過當嬰兒初入睡時，不像成人，他們是馬上進入活動睡眠，對大部分嬰兒來說，這個活動睡眠大約有二十到三十分鐘那麼長。

然後就進入安靜睡眠期，這相當於成人的非快速眼動睡眠。寶寶的呼吸開始變深沉，比較有規則性；眼球停止移動，四肢也放鬆不動。這個階段不太容易被驚醒，這表示你可以把他們放進搖籃中而不必擔心弄醒他們。在新生兒階段，我曾經花很多小時凝視熟睡的兒子們，心中想著，這個恬靜的天堂可以維持多久？通常是不到一個小時，表示我還沒有休息夠又被他叫起來了。

安靜睡眠表示寶寶的睡眠週期快結束了，這時寶寶會做兩件事中的一件：重新進入活動睡眠或驚醒。我確信有些寶寶很早就能睡過夜是因為他們很容易進入活動／安靜睡眠的週期，而不太需要爸媽在旁邊哄，但是有些寶寶過了好幾個月也無法睡到天亮。對如何增長前者發生的機率，我們只有模糊的概念。

◆不要打擾

如何使寶寶打從開始就停留在活動睡眠，我有一個忠告。通常當寶寶顯現出愛睡的樣子時，疲憊的父母親往往等不及要把他放進搖籃中，結果寶寶因此受到干擾，他很挫折，就開始哭鬧，反而醒來了。為什麼會這樣呢？記得前面提過，當寶寶還在活動睡眠的週期中，是很容易被驚醒的。所以一旦你察覺到他想睡了，不要驚動他，假如你正抱著他，持續抱他，注意看他什麼時候進入安靜睡眠，多等十分鐘以確保萬一，然後把他放進搖籃中。

用這個方法，你也許可以避免像某張海報中的那個人一樣。這張海報是電影《法櫃奇兵》（*Raiders of the Lost Ark*）中的一個場景：哈里遜·福特（Harrison Ford）跪在一尊黃金小神像前面，這尊小神像坐落在房間的中央，四周都是陷阱，哈里遜要偷這尊神像，但又不能觸動機關陷阱，所以他拿著一袋重量跟神像一樣的砂，他必須很快地取下神像並把砂袋放在神像的位置上，使機關不被觸動。這張海報就是哈里遜在那替換的千鈞一髮的當下。

海報中的哈里遜頭上有一行字幕：How I Feel... Trying to Leave My Sleeping Baby So He Stays Sleeping.（這就是我想離開我熟睡的寶寶好讓他繼續睡覺時的感覺。）

我大笑，因為它實在描述得太貼切了。

算算看，愛睡／清醒是大約九十分鐘一個週期。這是最著名的睡眠研究專家克萊曼（Nathan Kleitman）觀察到的，他稱之為「基本休息活動週期」（Basic Rest Activity Cycle, BRAC）。

大人的愛睡／清醒週期大約都是九十分鐘，但是嬰兒和大人當然有很大的差異，而且沒有任何一個寶寶要遵守的固定規則（就像我前面說的，這些變項很複雜）。我建議父母親自己計時，找出你的寶寶活動／安靜睡眠的週期，以找出孩子的生活時刻表。

什麼時候這個電梯之旅才會停止？

你的寶寶要上下這座恐怖塔多久？大部分新生兒身上看不到一個可以被社會接受的生理時鐘（circadian rhythm，用褪黑激素的分泌來測量），因為嬰兒剛出生的頭三個月，這世界是混沌一片，要到六個月大後，才可以睡上五個小時，有些孩子需要更久才能睡過夜。我的兒子約書亞一直到七個月大才能一覺睡上五個小時。

但是這並不是說你的寶寶不想配合，雖然你可能很難相信。德國的研究者證明，出生四十八小時的嬰兒就很努力在白天時保持清醒久一點；日本科學家證實這個努力在出生的第二週就可以看見：嬰兒晚上醒來的次數比白天少，即使他在晚上要被餵食很多次，這次數仍然比白天的少。

嬰兒的努力逐漸建立了他的睡眠週期，正常的清醒／睡眠週期中的非快速眼動睡眠在六個月大的嬰兒身上已經可以看見了，但是它需要一點時間來同步化。所以嬰兒在頭六個月的生命中，一個晚上醒來三次是很普遍的；在一歲之前，他還是可能一個晚上醒來一兩次，直到兩歲前也還可能晚上醒來一次。寶寶要花很多時間才能離開恐怖塔，把自己移植到大人無聊的電梯中。

◆上床的固定習慣

睡眠專家認為有一件事可幫助孩子通過這個過渡期：有一個持續不變的上床習慣。在孩子六個月大時，就可以開始訓練上床時間，確切時間看寶寶個別狀況和世界各地文化而定。無論你選擇幾點上床，重點是保持一致性，定了就不要更動。

然後，設計一系列孩子可以預期的上床儀式。這套儀式的內容悉聽尊便，什麼都可以，從唱搖籃曲到把全家的燈關暗。儀式中要包括給寶寶洗個熱水澡，把他餵飽，再放他上床。如果寶寶不容易入睡，你的儀式可能是開車帶他出去兜風，盡量挑顛簸的路，讓他在不斷的抖動中入睡（當我兒子不肯睡時，我發現這是最有效的方法）。不論儀式是什麼，不要更動：同樣的內容，同樣的順序，同樣的環境。寶寶很快就學會這些行為的聯結，尤其當持續不斷地每天做時，他很快就知道上床的時間到了。

當然，我不能保證寶寶會喜歡這些儀式然後乖乖去睡覺，否則，你也不會和山繆•傑克森一樣口出惡言了。

◆晚上不能睡過夜

如果你的孩子已經六個月大了，但是還沒能睡過夜，你像傑克森一樣不斷的罵粗話。坊間有許多書都說可以給你建言，告訴你讓寶寶睡過夜的祕訣，但是它們很多都互相矛盾，這是讀這些書最大的挫折，明明火燒眉毛了，還在眾說紛紜，不知聽誰的好。

有一位來自北卡羅萊納州布拉格堡（Fort Bragg）的媽媽奈爾（Ava Neyer）實在受不了了，

她貼了一篇文章在《哈芬頓郵報》（*Huffington Post*）上，題目叫〈我讀了所有讓寶寶睡覺的書〉（I Read All the Baby Sleep Books），下面是一小段摘錄：

> 把寶寶放在育兒房內，把床放到你的房間，把寶寶放在你的床上。一起睡是最好的睡覺方法，但是要小心不要悶死你的寶寶，所以最好不要這樣做。假如你的寶寶沒有被你悶死，你可能要跟他睡到他離家去念大學。
>
> 不要讓你的寶寶睡太久，如果他午睡太長了，你要把他搖醒。永遠不要吵醒正在睡覺的寶寶。任何寶寶的問題都可以用提早讓他們上床來解決，即使他們早上太早起來也沒關係。假如你的寶寶早上太早起來，那麼晚上就晚點讓他睡，或不讓他睡午覺。黃昏五點鐘以後不要讓他們睡覺，越睡會越愛睡。所以想辦法讓你的孩子盡量多睡。把愛睏但還未睡著的寶寶放上床。假如他吃奶吃到一半睡著了，不要叫醒他。

這真的很好笑——除非你是新手父母，不知道拿你那不肯睡覺的孩子怎麼辦。

NAP vs. CIO

這些矛盾的話就像兩位重量級拳王（哲學觀點）在較量，競爭「讓寶寶睡過夜最佳良方」的獎盃。

在拳擊場上的一角，有「夜間依附教養法」（Night time Attachment Parenting, NAP；或稱「親密教養法」）的寶寶睡眠過夜法；在另一角有「讓他哭到自己睡著法」（Cry-It-Out, CIO；編按：台灣也有「百歲法」的別稱，因為這正是暢銷書《百歲醫師教我的育兒寶典》當中標榜的方法）的寶寶睡眠過夜法。兩派對於嬰兒頭一年該怎麼睡的看法大不相同，他們的粉絲時常上陣去叫囂和扭打。

NAP的支持者所信奉的哲學就如小兒科醫師西爾斯（William Sears）所說的：「在出生的頭一年，嬰兒的需求通常只有一件事。」CIO的支持者認為嬰兒的需求（need）和要求（want）不見得是同一件事。當嬰兒晚上哭醒了，NAP認為父母應該立即反應，讓你的寶寶知道他需要你時，你就在他身邊；CIO認為你應該等一下，因為你的寶寶應該學習如何自己入睡。

哪一邊贏？在目前的睡眠研究上，都沒贏。NAP的方式沒有好好被研究（很難研究，因為每個父母的做法不一樣），而且他們還有依附理論作根基，而這個理論目前仍在改變。CIO的方式被證明比較快讓寶寶睡過夜，但科學界還不確定這真的是最好的方法，還是比較方便、適合我們現代文化的方法。最終，它決定於你覺得怎麼做才對，也看你寶寶的脾氣如何。

我們會詳細介紹這兩個方法的成效，以及目前科學界的看法。

◆NAP的代表：西爾斯

夜間依附法是嬰兒主導的方式，支持者鼓勵父母當孩子餓了就給他吃，而不是死板的按表操課，他們主張白天把孩子揹在背上，晚上寶寶跟著你睡（不論是同一張床還是同一個房間），或至少在寶寶哭的時候到他的床邊安慰他。這個理念是盡量跟你的寶寶接觸，寶寶在白天會安靜不哭鬧、有安全感，所以晚上也會比較安靜、比較肯睡覺。

NAP很像智慧女神雅典娜（Athena）從年老的宙斯（Zeus）額前跳出，它也是從依附理論衍生出來的（依附理論是一九六〇年代後期發展出來，我們在第六章〈快樂寶寶：土壤〉的「注意力和耐心的乒乓球賽」那一節中有詳細介紹）。這個理論說，當孩子小的時候，需求如果沒有被滿足，他長大會有問題；在寶寶小的時候，夜間忽略他，就是忽略他的需求，注意他才是滿足需求的方法。

NAP最有力的支持者就是西爾斯醫師，他是位英俊、有經驗的加州小兒科醫師。如果說他喜歡小孩那是太輕描淡寫了，他和他的太太，是護士也是健康教養的倡言人，一共生養了八個孩子，其中三個長大後也成為醫師，一個甚至有自己的電視節目。比爾醫師（即西爾斯醫師〔Bill即William的暱稱〕，因為他的孩子也是西爾斯醫師，所以人們稱呼老西爾斯醫師為比爾醫師）和他的太太瑪莎（Martha）一共寫了三十幾本教養書，其中最有名的是《親密育兒百科》（*The*

Baby Book，中譯本天下文化出版），他和他們的兩個兒子羅伯和詹姆士（Robert & James）合著的百萬暢銷書，這本書極力推薦NAP的睡眠方式。

下面是《親密育兒百科》中推薦的同床共睡（bed-sharing）的方式：

你認為你的寶寶會喜歡哪一種？在母親的胸前或父親的手臂中沉沉睡去，還是在無味道、無感情的橡膠奶嘴陪伴下自己睡著？

西爾斯的書中還有一段：

可以讓寶寶跟你睡在同一張床上嗎？當然可以。我們很驚訝的發現有這麼多的書不贊成這種經過時間證明、人類共通的睡眠安排法。難道他們也反對母親角色和蘋果派嗎？這些自我宣稱的嬰兒專家，怎麼敢反對科學上有證據、有經驗的父母都知道的：嬰兒和母親一起睡得會比較好。

你現在了解為什麼我用拳擊賽的比喻，當作這一段的開場白了。

公平地說，西爾斯家族的確比較細緻入微的介紹如何讓寶寶入睡，描述了諸多變體方式，從跟寶寶睡同一張床到在同一個房間睡，他們討論了一週七天一起睡的各種可能性。他們也提到很多父母所擔心的地方，比如：

● 我會不會製造出不健康的情緒依賴？（不會）
● 我的寶寶以後可以學會自己睡嗎？（可以）
● 這對我的性生活有什麼影響？（你會有很多的創意出來）
● 我要跟寶寶一起睡多久？（這要看你能忍受多久）

我們現在要到拳擊場上的另一邊看看過勞的父母雖然愛他們的孩子，但是第二天早上必須爬起來去上班。

◆CIO的代表：佛伯

通常一位科學家不會捲入流行文化中，使他的名字變成動詞。但這正是發生在兒童睡眠研究者佛伯（Richard Ferber）博士身上的事。佛伯博士是波士頓兒童睡眠障礙中心（Boston's Center for Pediatric Sleep Disorders）的創辦人，也是極力主張「讓孩子哭到自己睡著」的人，不過CIO的想法早在十九世紀就存在了。但是因為他的名字跟這種做法緊密的結合在一起，所以讓孩子哭到自己睡著的父母被指責是「佛伯化」（Ferberizing）他們的孩子。

CIO是怎麼執行的？研究者把CIO叫做「消除式」（extinction style）。在心理學中，消除法是用限制報酬的方法減弱一個行為的出現。因為報酬是增強者，它使行為一直出現，一旦去除報酬，行為就減弱，最後就消除了。

當嬰兒睡覺時，一個增強的行為就像下面這樣：(1)寶寶在清晨三點哭醒，要你注意；(2)父母親進到他的房間，把他抱起來安撫他，給他注意力；(3)寶寶停止哭泣。這增強了行為，寶寶學會哭是一個得到注意的好方法，不論是白天還是晚上。寶寶哭泣時期待父母的反應，製造出一個「強化預期」（reinforcement expectation）的內在態度；而父母學會安撫哭泣的嬰兒最好的方式是進到房間把他抱起來，這個動作就是哭泣的報酬，寶寶就晚上哭了。

要中斷這個循環，父母必須停止寶寶哭泣時所要求的注意力，寶寶必須學會再入睡。所以寶寶學會晚上自己睡覺，夜哭就停止了。這是為什麼它叫做「讓孩子哭到自己睡著」，孩子當然不喜歡這個方法。

CIO可以從未修正過的消除（unmodified extinction）這一端，即不管孩子哭多久，父母都不回應，到緩慢消除（fading）那一端，即父母親在嬰兒身邊，但是花越來越少的時間在搖籃旁邊，不再提供寶寶安全的保證。在這連續向度的中間，就是逐漸消除（graduated extinction），父母還是對寶寶的夜哭作反應，但是要遵循一個嚴格的時間表，讓孩子越哭越久才去抱他，所以叫作「逐漸」。這個要等多久才可以抱的時間表來自佛伯的書《解決孩子睡眠的問題》（*Solve Your Child's Sleep Problems*），方式如下：

第一天

像平常一樣把寶寶放進搖籃中，或比平常晚一點，讓他入睡，然後離開房間。

1. 第一次聽到寶寶哭時，設定馬錶，等三分鐘再進入房間安撫他，佛伯把這叫做「第一次等待」。進去後安撫寶寶不要超過一分鐘或二分鐘，即使他還在哭，你也要離開房間。

2. 等五分鐘再進去房間（第二次等待），在一分鐘或二分鐘的停留後，離開。

3. 第三次等十分鐘再進去，後面不管多少次都是等十分鐘，持續直到寶寶天亮醒來為止，通常是早晨五點到六點之間。

第二天

繼續這個方式，但是第一次等待改為五分鐘，第二次等待為十分鐘，第三次和後面的等待為十二分鐘。

第三天

第一次等待延長到十分鐘，第二次十二分鐘，第三次以後十五分鐘。

第四天和以後

我想你已經抓到要領，到第七天時，第一次等待已經延長到二十分鐘，上限為三十分鐘。寶寶一開始不喜歡，也許會有突發的大聲哭泣——所謂的「消除後爆發」（post-extinction burst），即便如此，到第三天或第四天晚上時，情況就會好很多了。

佛伯博士強調這些數字只是提供參考，父母可以用各種數字組合（有些父母只能忍受孩子哭一分鐘），清楚明確的標準是無論第一次等待是多久，等待的時間都要一致性的逐漸延長。這是CIO的核心重點，這樣哭泣的行為才會逐漸消除。佛伯把這叫做漸進式的等待方法（Progressive Waiting approach），其他研究者叫它控制的安撫或控制的哭泣（controlled comforting/controlled crying）；批評者稱它把孩子「佛伯化」。

不管你叫它什麼，你可以清楚的看到NAP和CIO兩者有多麼的不同。

研究結果怎麼說

現在讓我們來比較一下最流行的CIO方法中的逐漸消除和NAP：哪一種對寶寶睡過夜有效；哪一種父母得到的睡眠比較好；寶寶所感受到的壓力程度；及哪一種方法比較容易執行。

◆寶寶晚上睡過夜嗎？

CIO說：等一下再安撫寶寶

逐漸消除法受到最多的科學檢視。證據一致性的顯示它有效——假如你把有效定義為「使孩子晚上不哭，所以所有人都能睡覺」的話。而且成效立現，大約只要一週之內。不論你用嚴格的未修正過的消除法，或是比較溫和的逐漸消除法，或是跟寶寶睡在同一個房間的方法。

不過，這個數據有一個重要的警告，來自一個賭場吃角子老虎機設計者眾所周知的祕密。一個最難消除的行為是偶爾得到回饋或報酬的習慣——為什麼人們會一直賭吃角子老虎？因為它的報酬率是隨機的，研究顯示那些經驗到隨機報酬的人會緊抱著這個行為不放，因為他預期下一次這個行為會替他帶來報酬。

大人是如此，寶寶也是。這是為什麼如果你選擇了CIO，就要一直堅持下去，只要一次不堅持，就破功了，寶寶會一直哭，因為他再堅持一下你可能就過來抱他了。寶寶如果沒有一個可預期的每日生活形態，他會無所適從。所以CIO有效的先決條件是父母必須堅持原始設計的一致性。

NAP說：現在就去安撫寶寶

NAP方式最顯著的特徵是父母持續在晚間出現在孩子的搖籃邊，對寶寶半夜的要求提供口頭上和身體上的回應。英國有一組研究者曾研究這種方法能否讓寶寶睡過夜。

結果是不鼓勵。父母親在晚上越是對孩子的哭泣作反應，孩子睡眠的問題越多。例如，寶寶哭醒被抱起來後，很難再自己入睡。研究者發現夜間的安撫探訪會使寶寶在一歲以後仍然不能睡過夜。

如果父母一直去「拯救」孩子，那麼到十八個月大時，寶寶仍然無法睡過夜（現在被定義為不被打斷的睡上六個小時）；當寶寶兩歲時，情況並不見得會好轉。晚上的過度干預對孩子是個禮物，但是這不是父母想要的禮物。

◆我和家人會睡得好一些嗎？

一起睡且夜間直接餵母乳，是NAP擁護者認為母子都能得到比較多休息的方法。好幾個研究這種方法的實驗室發現一件令人驚奇的事：夜間餵母乳跟穩定的睡眠週期是負相關。你知道，我是贊成餵母乳的，假如母親可以，她應該餵母乳，但是寶寶夜間餵母乳的次數會比喝牛奶的次數多，雖然他們吃奶的總體次數差不多，但是寶寶夜間吃母乳的次數比吃牛奶的寶寶來得多。

下面是一位媽媽在TruuConfessions.com網站上所舉出的夜間餵奶問題：

我真是累壞了，我十三個月大的寶寶還是沒辦法一覺到天明，而且對晚上吃奶上癮了。她要含著我的乳頭才肯睡覺。我缺乏睡眠，疲憊得不得了，對她的耐性也越來越差，覺得自己是個糟糕的母親，因為我太挫折了，我忽略她的哭聲。我過得很不快樂，常常脾氣不好，使她比較喜歡我先生而不喜歡我帶她，我想就是因為我不快樂的關係。今天，在她看卡通時，我在她面前哭了一個小時。

研究發現和媽媽一起睡的寶寶比較少哭，然而，研究同時也發現母子都睡得比較不好，因為對母子兩人來說，每一單位時間內的干擾比較多。

這是相當令人驚奇的發現，在這份報告發表前，母子一起睡被認為像是溫暖的、友善的安眠藥，使大家都睡得比較好。要解決這個衝突，研究者決定用一些生理的測驗來評估嬰兒的大腦晚上有沒有好好休息，他們用腦電圖（EEGs，可以測量頭皮上的電波）測量寶寶鼻子和嘴巴空氣的流量、血壓、心跳率及肢體的動作。

當研究者用這些儀器來評估寶寶與母親同睡一床的大腦活動情形時，他們知道為什麼寶寶睡得比較不安穩了：寶寶安靜睡眠的時間比較短，也比自己獨立睡小床的寶寶容易驚醒，所以他們安靜睡眠的品質也比較不好。

演化的論證

雖然如此，還是有很多父母採取一起睡的方式。在一些原住民的文化中，如剛果民主共和國（Democratic Republic of Congo）的艾菲族（Efé tribe），全家人都是一起睡在一間小茅屋中，通常成員有爸爸媽媽、孩子、嬰兒、寵物狗和來訪的客人。在擁擠的城市中，大部分人也是睡在一起，幾乎有百分之六十的日本家庭睡在一起，相對而言美國是低了很多，大約為百分之十五（不過這個數字有爭議性）。

從演化的觀點來看，幾百萬年來全家一起睡可能是一種很普遍的晚間睡眠行為。對狩獵／採集的人類來說，寶寶無論日夜都不離我們的身邊，因為嬰兒在那種艱苦的世界中是不能自己睡或自己獨立生活——不管時間多短暫，因為他們會變成別人的晚餐。當然，大腦在演化時一定會尋求最好的生存模式，所以主張NAP方式的人說：寶寶跟母親睡，本來就是天經地義的事。

雖然我深深贊同演化的這個說法，但是我們已經不再是狩獵／採集的社會了。雖然我們的系統在東非賽倫蓋提大草原流浪時可能是最好的，假如你選擇在賽倫蓋提扶養你的孩子長大，你就應該這樣做；但是假如你不是的話，你應該探索其他的可能性，能跟你現在所處的時代和環境契合的育兒方式。

◆哪一種方式比較不引起寶寶緊張？

NAP的支持者用發展心理學的物體守恆（object permanence）理論來支持他們的說法，這個理論是說，一個物體即使被布蓋住、被東西遮擋，它仍然存在。寶寶並不是天生就知道這個現象的，他們認為一個東西如果從他們的視野中消失了，這個東西就不存在、永久的消失了。NAP的支持者說，因為物體守恆不是天生就有的能力，所以把嬰兒一個人放在房間裡對他是很殘忍的事，他感到大難臨頭，平常熟悉的人一個都不見了。假如爸爸離開了房間，他還會再回來嗎？

假如媽媽現在走開了，我還會有媽媽嗎？白天是這樣，晚上也是這樣，永遠都是這樣，所以嬰兒應該盡量的在父母親身邊，好使他們安心。

我們過去認為物體守恆概念要到孩子一歲以後才有，現在很多證據顯示，八個月大的嬰兒就有了，有人甚至認為出生後三、四個月就有這個能力了。因為在寶寶六個月大之前，大部分的專業人士不贊成任何的睡眠介入，所以物體守恆論在你決定要採用NAP或CIO法之前，都不是個問題。

NAP的支持者也宣稱他們的方法可以使寶寶壓力少一點，他們引用檢查寶寶夜間腎上腺皮質素的實驗來支持他們的說法。你應該還記得腎上腺皮質素是一種壓力荷爾蒙，濃度高表示感受到的壓力大。有一個英國的實驗顯示晚上跟父母一起睡的NAP寶寶，比控制組的腎上腺皮質素濃度低，直到這個孩子五歲時，還可以看到這個比較低的腎上腺皮質素現象。不過，這不能證明是NAP使腎上腺皮質素濃度低。

同樣重要的是，我們其實不知道腎上腺皮質素對西方嬰兒的意義是什麼。假如你是個大人，那麼你的腎上腺皮質素濃度在白天時是一直被調控的，但是孩子需要一段時間才能達到成熟的生理時鐘形態。到現在為止，我們還是不知道嬰兒如何調控他的腎上腺皮質素。在我們有比較好的基準線（baseline）之前，我們無法合理的解釋這個腎上腺皮質素濃度高低的意義。

最後，NAP的支持者說，受過CIO創傷的孩子會有永久的心理傷害，尤其哭是聯結父母和子女的一個行為。當孩子遭受到壓力時，他們會哭，父母對哭會做出安撫的反應，這提供了依附關係形成的黏劑，使親子形成緊密聯結。CIO的支持者指出依附是一個很緩慢的歷程，它需要好幾年的時間去發展出來——或去破壞它。

目前僅有的一些依附研究指出，不論是同床睡或讓他哭到睡的孩子，長大後依附關係都沒有問題。二〇一〇年時，睡眠和嬰兒發展的研究者說：

有人擔心嬰兒哭泣和抗議的行為干預，會傷害到親子的依附關係，然而，到目前為止，並沒有任何發表過的研究顯示出這個負面效應。而且測量依附的睡眠方式研究並沒有發現任何證據，說嬰兒的問題行為或父母教養上的困難是來自嬰兒期不安全的依附感。

◆我要堅持這樣做嗎？

CIO研究中最一致性的發現，除了它有效之外，就是CIO這個方法對父母親來說是很痛苦的事。我們天生會對孩子的哭叫起反應，尤其他是你親生的孩子，父母需要睡個好覺使他們第二天早上可以起來上班這個事實，並不能改變他們對孩子哭了自己不能去抱的感覺。NAP的人會說：「當然CIO對父母來說是很痛苦的，因為它就像打沙袋那樣的不自然，你本來就不應該這樣做的。」有一位父親在部落格上寫下他的感覺：

我從來不能了解什麼叫佛伯式的方法。你為什麼要坐在孩子旁邊的椅子上看他哭？這是多麼可怕的事！你怎麼能對你自己的親生孩子做這種事？我的克雷頓一歲左右可以一覺睡到天亮，我無法想像坐在那裡聽他哭而不去把他抱起來。

砰的一拳打過去，就像我說的，這是場拳擊賽。

從另一方面來說，有些父母認為滿足寶寶的每一個需求是不可能持續的事，就如這位母親在 TruuConfessions.com 網站上寫的：

寶貝兒子已經十一個月大了，但是晚上仍然醒來一、兩次。我還在餵母乳，所以我會跟他一起醒來。假如我先生下床去安撫他，而不是我，他就尖叫。我是個累壞了的媽媽，雖然我很不願意這樣做，但是睡眠訓練是過兩天一定要開始執行的了。

所以兩邊的人都一樣不好過。

到底該怎麼辦？

看起來證據好像是偏向ＣＩＯ，但是我還不敢這樣說，因為實在沒有足夠的科學支持來作結論。所以你應該選什麼方法呢？這場拳賽最令人困惑的地方是雙方都有優點。

我喜歡西爾斯家族所說的，教養孩子應該有一致性，白天晚上的行為都一樣；盡量花時間在孩子身上，不只使你認識你的寶寶，也讓你在孩子發展的過程中，沒有漏掉任何細節，因為孩子成長得太快了，一不留心，他就長大了。

我也喜歡逐漸消除的方式，因為它真的有效。既然你買這本書就是希望有個清楚的科學指引來告訴你該怎麼做，我現在告訴你，ＣＩＯ的方法是被嚴謹的測試過，假如你的目的是使寶寶不要打斷你的睡眠，它不僅有效，而且比ＮＡＰ更有效。

人有可能同時在腦海中保持兩個互相抵觸的訊息嗎？寫《大亨小傳》（*The Great Gatsby*）的費滋傑羅（F. Scott Fitzgerald）認為是可能的，他寫道：

> 對第一流頭腦的考驗就是在他的腦海中同時保持兩個相反的念頭，卻仍然能夠有餘力去工作。例如，一個人應該能夠看清這件事是無可救藥，卻又能夠決定找出補救方法。

假如費滋傑羅先生是說真的，那麼新生兒的父母一定是天才。不開玩笑，事實上，的確有方法可以解決這個兩難問題。我建構了一份該怎麼做的清單，我建議你照著它的五個步驟去做。假如你的寶寶在六個月大後仍然有睡眠的問題，這份清單對你特別有用。它是以我們前面討論的那幾點作為基礎的。

麥迪納的好睡計畫：在下定決心之前，請先測試一下

◆第一步：在孩子出生以前就先想好你要怎麼做

在孩子出生之前，麥迪納教授有一些哲學的家庭作業要你先完成。我要你先選擇你是要站在NAP或CIO的那一邊？因為你需要一個理性的起點。請選A或B。

A：你同意西爾斯的說法，寶寶的需求和要求是同一件事嗎？當寶寶在晚上要求你的注意力時，是因為他需要你晚上的注意力嗎？

B：你同意CIO的說法，寶寶的需求和要求是可以分開的嗎？因為寶寶要求你晚上對他的注意力並不表示他需要你的注意力，他可能需要去睡覺？

因為科學並不知道你選的是A還是B，所以我對你的選擇無法評論。沒有人可以。因為你的孩子是你的孩子，他不是任何其他人的孩子，你是唯一可以做選擇的人。你的選擇會決定你如何走下面的四步。

◆第二步：從修正的NAP法開始

當寶寶從醫院抱回家後，頭三個月要求你晚上照顧他是很正常的。你是否白天揹著他，晚上跟他一起睡，要看你剛剛在第一步的決定。假如你認為在孩子生命的第一年，要求和需要是同一

件事，那麼NAP的模式就是你要的：跟你的寶寶分享你的肩膀和你的床。

◆第三步：三個月以後，開始記錄寶寶的睡眠習慣

為什麼是三個月？因為到這個時候，你已經可以看出你的小寶貝的睡眠形態了。頭三個月，你是隨喚隨到的父母，但這不必是永久的形態；後面三個月，開始記錄你所看到的寶寶改變，準備好去適應做調整。

◆第四步：六個月大時，你要作決定

你在前面三個月所做的行為紀錄可以告訴你，哪一種形態最適合你的生活。請注意，我要你等到寶寶六個月大才做決定。為什麼呢？因為生理的原因。如果寶寶的大腦還沒有準備好，強行改變他的睡眠方式是一點用也沒有的。在寶寶六個月前就去改變，你還要跟生物的力量奮鬥，而對孩子大腦的成熟，你是沒有什麼控制權的。

到寶寶六個月大時，走下面兩條路中的一條：

A、認真地考慮西爾斯的方式

假如你跟寶寶已經習慣於某一種適合你們全家需求的睡眠方式，那麼就安心擁抱西爾斯的方

法吧！這可能是個相對簡單的過渡期，因為你在前面六個月已經做到修正版的隨喚隨到行為模式了。西爾斯在他的《親密育兒百科》中已經解釋得很清楚了，去讀它，依照他的建議，熱忱的執行。

B、認真地考慮佛伯的方法

假如寶寶的睡眠形態不適合你的生活形態，而你的家人們需要完善的睡眠，現在就是改變的時候了——尤其是當你認為寶寶的要求和需求是兩回事時，就遵循佛伯的建議吧！你可以考慮佛伯的在搖籃旁邊陪伴，但不抱他（他叫做在旁露營〔camping out〕）或是逐漸消除（前面說過，在任何情況之下，研究者都不贊成採用未修正過的消除模式，我也不贊成）。

這裡有兩個重要的提醒：我們前面說過，對新生兒來說，一個晚上醒來好幾次是正常的，有的時候他醒來是因為身體不舒服，從胃酸逆流（acid reflux）到乳糖不耐症（lactose intolerance，譯註：很多中國人喝牛奶會瀉肚子，因為身體缺少消化牛奶的酶）到你還沒發現的發炎，寶寶甚至會出現睡眠呼吸中止（obstructive sleep apnea）。所以在你實行CIO之前，先請你的小兒科醫師確定寶寶沒有這些身體上的毛病。只有在寶寶需要注意而哭時，你才可以執行逐漸消除方式；假如到了第七天，情況仍然沒有改善，或反而變得更糟，你就停下來，考慮別的方式。

描述這個方法最詳細的是佛伯的《解決孩子睡眠的問題》一書，去買來讀，開始你的旅程。

◆第五步：展開，評估，調整

持續寫下你的做法和寶寶的反應，使你記得哪一天發生了什麼事（當你缺乏睡眠時，第一個流失的就是你的記憶）。NAP需要比較長的時間來評估，我甚至不確定評估是正確的用詞，但是假如逐漸消除有效的話，你一週之後就會知道了。假如你所做的有效，恭喜，你已經完成我建議的五步驟流程了。

假如你的寶寶還是沒有睡過夜，改變策略。NAP有很多方式，CIO也有很多形態，調整改變再正常不過。做父母是業餘運動，需要很多的嘗試與錯誤的學習，即使最簡單的小兒科方案都會有錯誤，而讓寶寶睡過夜絕對不是一個簡單的方案。也許你對要求／需要的看法決定你的起始點，但是這絕對不是說它決定你的終點。持續實驗，直到你找到適合你孩子的祕密調味醬。

你可以保有彈性的試驗，不要害怕，保證你可以這樣做的人竟意想不到是佛伯，他寫道：

過去二十五年來，我一直跟許多家庭和孩子處理睡眠的問題，我得到的結論是孩子在很多不同的情境下，都可以睡得很好……技術可能有些不同，但是大部分的問題可以被解決，不論你採用哪一種哲學態度。沒有決定是不可變更的。父母親可以很自由的去選擇嘗試不同的方法，假如發現這方法對他們無效，或不像他們預期的那麼好，也絕對可以改變主意。

因為每一個大腦的連接都不一樣，你可能要試好幾種不同的方法才會找到最適合你的那種；對第一個寶寶適用的方法並不能擔保對第二個寶寶就有效。

寶寶也在努力

請記住，寶寶不是你的敵人，他也努力要自己睡過夜。不過他是一個很沒有經驗的夥伴，你的目標是配合他的生理機制。從演化的觀點，他的大腦會告訴他，白天保持清醒，夜晚學著睡過夜，這對他的生存最有幫助。他費力在學就跟你努力在教一樣，所以你不能放棄。

畢竟，這就是做父母的酸甜苦辣，這本書的主題一直都是在告訴你，寶寶是個人，但是還不是成人。你必須教他們所有的事情，至少在一開始的時候，你必須是一天二十四小時的老師。

我看過一支影片，是一個小寶寶努力保持清醒。影片開始時，寶寶坐在高椅子上，慢慢的嚼食物，但是他很睏，眼睛已經半閉，頭也垂到跟椅子快成九十度直角了。很顯然地，他是想保持清醒的吃，但是他沒有辦法，他還沒有這個能力。這支短片很好笑，也很令人感動。這個小傢伙一邊打盹、一邊咀嚼、吞下、又打盹，慢慢的滑向一邊，好像一艘小船在滑下水。他驚醒，想要扳正身體，把更多的食物放進嘴裡（眼睛還是閉著）。然後他鬆開了奶瓶，臉趴進高椅子上的餐盤中，這可憐的小傢伙睡著了。

是的，睡眠對小傢伙來說是一件頗具挑戰的工作，他努力要把它做對。這對父母也很辛苦，父母也想努力想做對。好消息是所有的寶寶最後都能睡過夜，壞消息是他們幾乎從來沒有依照大人的計畫表來做事，不過你現在應該已經很習慣了。這是父母學入門最重要的第一課：當你決定把一個孩子帶進這個世界時，你已經放棄了對你自己生命的完全控制權，歡迎來到父母世界。

重點提示
Key Point

大腦守則

好睡寶寶

- 新生嬰兒睡眠最重要的一點就是它完全不像成人的睡眠，新生兒只有兩種速度：活動睡眠和安靜睡眠，就像在乘坐恐怖塔（迪士尼世界的驚魂古塔）的電梯。
- 對睡眠的問題沒有一體適用的解答。
- 你認為寶寶的要求和需求是同一件事嗎？是或不是全在乎你，科學並不知道你應該選哪一個看法。
- 寶寶六個月後，選擇一個可以讓他和你都睡得比較好的計畫，評估你的努力，如果成效不彰，改變計畫。

結語

法國文豪伏爾泰（Voltaire）曾經說：「每個人會對所有他沒有做的好事感到罪惡感。」當我望著、想到，並替我的孩子們祈禱時，出現這個令人不安的問題：我是否做了所有我該做的事？假如有所遺漏，我該怎麼辦？於是伏爾泰的話浮現我的心中，我知道我有罪惡感。

不論什麼時候，只要我對父母親講到孩子大腦的發育時，父母親都會說：「真希望我早一點知道這些。」或許你在讀這本書時，偶爾也會有這個感覺。我跟你一樣，也常有這種感覺，尤其是新的研究報告出來，延伸、確認或反駁我們以前對孩子大腦運作的知識時，我的感覺更強烈。然後，我就跟我的聽眾一樣：「唉，真希望我早一點知道。」

此時，一個朋友告訴過我的一句話或許有幫助。他說：「你需要記住，為人父母是種業餘運動。」當你的第一個孩子誕生時，你很自動地就加入了新手父母聯盟。不過，你的孩子也是個新手人類這對你可能是個安慰，他並不知道你應該怎麼帶他。新手教練加上新手球員，你們一定會犯錯，每一個人都會。

真實世界的教養孩子經驗，從極度疲勞的海浪到充滿笑聲的海洋（我真的說過：「不會，大便絕對不會從你的小雞雞中出來。」）幾乎從來不曾跟你的預期合作過。我太太很喜歡喜劇明星卡洛．伯納特（Carol Burnett）形容生養孩子的幻想：「生孩子好像強迫你的下嘴唇去蓋住你的頭。」從此以後，孩子就去做最惡劣、最令人感到挫折的孩子的行為。

我今天告訴我的孩子他們的行為跟孩子一樣幼稚，他們馬上提醒我，他們本來就是孩子，糟糕！說錯了！

父母親真實的世界比這本書所包括的二度空間的資料精采得多，也豐富得多，你很容易覺得像漫畫《壞壞寶貝》（*Baby Blues*）中那個被激怒的新手父親，他說：「我唯一覺得我是個合格的父親，是我還沒有小孩的時候。」我們怎麼可能把科學做個總結，而自己仍然活在一個朝九晚五（準時上下班）的三度空間真實生活中？這個解決方法是把它簡化。這本書有兩個主旋律，它們協調合奏。了解主旋律，你就能記住書中給你的一大堆資訊了。

◆從同理開始

第一個主旋律是同理心，同理心使我們能夠了解別人的動機和行為，就像這個小女孩做的：

我的學前年齡的孩子受到同班一個「壞女孩」的騷擾。我們跟她解釋這個壞女孩是嫉妒我們在家裡所做的手工藝，因為別人都稱讚不已。我女兒於是在家中又做了一個，然後把它給了那個對她不好的壞女孩，她好高興、好高興。我真是非常非常的為我女兒驕傲。

這個父母讓她的女兒努力去了解霸凌者內心的世界，這使得他們的女兒必須做一件困難的事：暫時把她自己從她的經驗中移開，站在別人的立場來了解別人的行為。這是一個非常強有力的想法，但是**很難**做到。這個技術就是心智理論，也是到達同理心的第一步。這是願意把自己喜歡的音樂音量調低，去聽別人的。心智理論不是同理心，你可以用你對別人動機的了解來命令他替你做事，你了解他的動機，你就可以操弄他，你必須加上某些程度的仁慈到心智理論上才會達到同理心，就像這個孩子做的：

我女兒今天好可愛，我先生在看美式足球賽，當他支持的球隊達陣了，他好興奮，假裝用頭來撞我。我沒有預期他會這樣做，所以我一閃，結果他真的撞到我了。我很痛，當我先生一直道歉時，我女兒把她從來不離身的小氈子給我，也把她的奶嘴塞到我的嘴中，叫我躺在她的毛氈上使我覺得好過一點，哇！

在〈婚姻關係〉那一章，我們討論到同理心是一座橋，連接外察和內省兩種看法，使婚姻穩定。記住：你只看到你想要看到的。

在〈快樂寶寶：土壤〉中，我們談到同理心在交朋友、維持友誼上的價值，友情是預測孩子未來快樂與否最好的指標。

在〈聰明寶寶：種子〉這一章中，我們發現要花很長的時間，還要有高品質的互動，才能使孩子懂得解讀別人臉上的表情，以及其他非語言的肢體線索。這些能力使孩子可以正確的預測別人的行為，反過來也使他產生同理心。雖然每個人因基因的不同而有不同的同理心技巧，但是可以透過訓練變得更熟練。土壤給種子營養，自由的學習環境，加上大量的互動和想像的遊戲，可以幫助孩子發展這個技能；而電視、電玩遊戲、簡訊不能。同理心背後是有神經科學支持的，包括鏡像神經元，這是為什麼它屬於大腦守則。

◆聚焦在情緒

假如你真的進入別人的經驗中了，你應該注意什麼？科學家可以把我們最簡單的行為拆解成至少八個不同的層面，就像在〈前言〉中所看到的那個夢想著無限暢飲邁泰雞尾酒的媽媽一樣。哪一個層面最值得你注意？答案就是本書的第二個主旋律：你應該注意你孩子的情緒。

來看看孩子童年最痛苦的經驗：孩子們在後院玩棒球，要分組，五歲的賈可布回家跟他媽媽說：「沒有人要跟我一隊。」他把棒球手套丟在廚房地板上，轉身回他的房間。他母親看起來若有所思：「你的感情受傷了，傑克（譯註：賈可布小名），是不是？」賈可布停住了，眼睛看著地板，「你看起來也很生氣，」母親繼續說：「當你覺得悲傷和生氣時，就不好玩了，是不是，親愛的？」賈可布現在用力回答：「我真的很生氣，他們選了葛里克，他叫他們不要選我。」母親問道：「假如你跟葛里克談一下，你覺得會不會使你好過一些？」「不會，我覺得葛里克今天不喜歡我，或許我明天跟他談一下。」賈可布說。母親給賈可布一個大擁抱，後來還做了一些非常可口的巧克力餅乾，賈可布這次沒有把餅乾分給葛里克吃。

這位母親當下決定要全心注意她兒子的情緒，她穿透了兒子的心理空間，並且用同理心——本書的第一個主旋律——聚焦到兒子的情緒生活上。她對他被拒絕的感覺表示同情，母親並沒有想隱藏它，把它中立，或譴責它。母親一致性的選擇注意她孩子的情緒生活，使她從眾多的母親中突顯出來，成為超級媽媽。

在〈懷孕須知〉和〈婚姻關係〉這兩章中，我們發現情緒健康對出生前和出生後寶寶大腦發展的重要性。在〈聰明寶寶：土壤〉那一章中，我們談到情緒調節可以增進孩子學業的表現，這是因為它增進孩子的執行功能行為，如衝動控制和未來計畫，這兩項又會影響成績。但是情緒不是只有影響學業平均成績而已，情緒調節也能預測孩子未來快樂與否，我們在〈快樂寶寶〉這兩章中有談到。這導致一個令人驚異的結論：快樂寶寶也是聰明寶寶。在〈道德寶寶〉這一章中，我們發現情緒是我們決策背後的藏鏡人，從交對的朋友到做對的決策，都是情緒在主導。自始至終，我們都在談父母聚焦在情緒會幫助孩子的情緒穩定。

在最基本的層次，這兩個主旋律可以化約成一個句子：**願意進入你孩子的世界中，對孩子的感覺表示感同身受**。它簡單得像一首歌，但是複雜得像一曲交響樂。有這種態度和行為的自然是好父母，假如你同時制定一些規矩，而且一致性的、溫和並堅定的執行它，你在為人父母的旅途上就萬事不缺，只等著成功到達終點了。

給，同時也取

一路上，你會發現很有趣的事：當你進入孩子的情緒世界時，你自己的情緒世界也變得更深切了。在我孩子出生後不久，我就注意到自己的改變，這個改變一直持續到今天。每一次，我都把孩子的需求放在我的需求之前，即使我不想這樣做，孩子還是最優先，我學會了如何誠實的去愛。當他們慢慢長大到可以走路的時候，以及後來到上托兒所的時候，孩子優先的選擇使我變得更有耐性，不但對孩子，對我的學生、我的同事都是。我太太對我的改變非常驚訝。我對做決策也變得更為敏感，現在我做決定時，不但要考慮我太太的感覺，還有我兩個小孩的！我變得更體貼，雖然我本性並非如此。我同時也更在乎未來，更在乎我孩子要養大他孩子的這個世界。

我的孩子還很年幼，但是他們存在我心目中就跟他們出生那一天一樣重大。他們對我生活的影響也隨著他們越來越成熟而越來越大。或許我才是日漸成熟的那一個！我並不是說為人父母是一個自助（self-help）的專案計畫，但是在教養孩子的混亂世界中，你會很驚訝的發現，它其實是一條雙向的社會契約之路，你可能認為是大人創造孩子，但是事實上是孩子創造大人，他們成為他們自己這個個體，你也是。孩子給你的遠比他從你身上拿的多很多。

有一天晚上，當我和我太太在與我學齡前的小兒子角力，把他放上床去睡覺時，我太太擁抱他，覺得他軟軟的像團麵團，她跟他說：「噢，諾亞，你好軟，我好想捏你，把你吃掉，你好好吃。」諾亞回答道：「我知道，媽咪，我真的需要減低我的碳水化合物了。」

我們笑到眼淚都流出來了。看到他的性格成長在我眼前如含苞待放，真是上天給我的禮物。在結束這本書前，這是我要給你的臨別贈言。做為一個新手父母，你有的時候可能會覺得孩子是來討債的，但是它其實是「給」的一個假象：孩子給你看到的是中耳炎，但是他們真正給你的是耐心；孩子給你看到的是在地上打滾大發脾氣，但是他們真正給你的是一個榮耀，讓你能親眼看到性格的發展。在你了解到之前，你已經養大了另一個人類。你了解到這是多麼大的一項特權；你能照顧到一個生命的成長。

我說過教養孩子就是大腦的發展，但是我的目標比它還高了些許，教養孩子是人心（人性）的發展。對新手父母來說，這本書中沒有任何一個訊息比這個更重要了。

實用情報

在這本書中，提供了很多把研究的發現實際應用到教養孩子的日常生活上的實務方法。現在我把它們集中在這裡，外加我自己教養孩子的一些例子。這些情報對我很有用，我很願意跟大家分享，但是我不能保證它們對你一樣有用。

懷孕須知

◆一開始時，不要去惹寶寶

神經科學可以給準媽媽在懷孕前半期最好的忠告是：**什麼都不要做**。你不需要跟你的寶寶說法文，不要給他聽莫札特，你的寶寶在這個階段的大腦還沒有發展好聽覺。寶寶的大腦在這個發育的初期主要是在長神經細胞，這大部分是個自動化歷程，只要找個安靜的地方去吐，照你醫生的建議補充葉酸就好了，葉酸可以防止寶寶神經管的缺陷。

◆每天多吃三百卡的食物

增加體重是重要的。懷孕的婦女應該期待身材會不一樣，營養不良的母親會有體型比較小、營養不良的寶寶，腦的大小跟聰明才智有些相關（譯註：不是絕對相關）。大多數的孕婦一天需要多增加三百大卡的熱量，你的醫生會告訴你應該增加多少及增加的比例。

◆多吃水果和蔬菜

最古老的建議還是最好的建議：吃平衡的食物，吃很多水果和蔬菜，這只是重複我們祖先的營養經驗而已。除了攝取足夠的葉酸之外，小兒科醫生還建議吃富有鐵、碘、維他命B12和亞米加三脂肪酸的食物。你還記得那個媽媽喝胡蘿蔔汁、結果她的寶寶也喜歡胡蘿蔔汁的研究嗎？這個論點還需要更多的研究，但是它極有可能幫助孩子開始一個終身喜歡蔬菜的生活（或是更可能的，一個終身不恨蔬菜的態度），你可以在懷孕的最後三個月吃很多的水果和蔬菜。

◆每天做三十分鐘有氧運動

在我太太懷我兩個兒子時，我們每天都去散很長的步，我們現在還是會去散步，每次走著走著都會想起當年懷孕的時候，運動勾起很多甜蜜的記憶。

現在已知運動可以減輕壓力，使寶寶易受傷害的神經元遠離皮質醣的傷害，它也保護母親的大腦。運動可以產生很多對大腦友善的化學物質，減少臨床上憂鬱症和焦慮症的機率。請先問過你的醫生，只有你的醫生知道你該怎麼運動，運動多久，它隨著懷孕的階段而改變。

◆減少生活上的壓力

懷孕本身就很有壓力，不過你的身體也設計好了可以承受它，但是額外的壓力就會對你的寶寶造成傷害。太多的腎上腺皮質素會傷害你寶寶發展中的神經元，干擾大腦的正常發育。排除越多有毒的壓力越好——為了你的寶寶，也為了你自己。具體做法包括：

1. 列出你覺得不在你能力控制之內的事。列出一份「令我很困擾的事」的清單，然後對你覺得無法自主控制的項目做上記號。有毒的壓力來自無助的感覺，那些是你的敵人。

2. 拿回主控權。加以控制可能表示你得離開你剛剛做上記號的那些壓力情境。假如這不是選項之一，你沒有辦法離開，那麼你要想辦法減低它所造成的壓力。有氧運動是必要的，你可以在 www.brainrules.net 的網站上找到更多去除或減輕壓力的好方法。

3. 先生們，疼愛你懷孕的太太。對待你太太像個皇后，去洗碗、送她花，了解她每天過得怎麼樣，發展出一套生活形態來照顧你懷孕的太太，是你給你孩子最好的禮物。因為我們談過四個大壓力來源，其中一項是夫妻關係，當先生創造一股支持的力量時，太太就少一件事擔心。

婚姻關係

◆重組社交部落

因為演化的關係，人類的嬰兒從來就不該離群索居，孤獨長大。心理治療師賈索生認為，在生產後仍然維持活躍的社交生活，對年輕的母親來說是很重要的。但是這個建議有兩個問題：(1)我們大部分人不住在部落中；(2)我們搬家搬得很頻繁，使我們甚至不住在自己家附近，而我們的原生家庭是我們第一個部落經驗。結果是許多新手父母根本沒有社交生活，他們沒有親戚或好朋友可以幫忙看孩子使他們可以去洗個澡、小睡一下，或跟配偶說說話。

所以解決的方式就是：重新組成一個活躍的社交網，用你手邊所有的工具去建構它。

在寶寶還未出生前就要開始著手建構。你有很多的選擇，比如在西雅圖有父母團體「早期父母支持計畫」（Program for Early Parent Support, PEPS），宗教社團（基督教會或猶太教會），都可以建構出你的社交網。非正式的，你可以請朋友來你家坐坐，找跟你一起上拉梅茲（Lamaze，譯註：一種可以幫助生產順利的呼吸課程，通常要求先生一起上，使在待產時，先生可以幫助太太用呼吸的方式減少疼痛）的懷孕夫婦出去社交。你也可以辦個料理聚會，你跟你的朋友燒一些可以冰凍起來的菜，留待寶寶出生後，沒有時間燒飯時，解凍就可以吃。你可以先燒好五十天的食物，這是你給任何新手媽媽最好的禮物；在寶寶回家後，再燒五十份晚餐是團結社區最好的方法（譯註：在美國，去探望生病的朋友或家有新生寶寶的家庭最好的伴手禮不是水果籃或雞精，而是燒幾樣拿手菜送過去，使忙碌的家屬可以有一頓家常晚餐）。

◆經營你的婚姻

即使你沒發現婚姻有任何問題，你又有很多的朋友，這還是不能保證在寶寶回家後，你仍有堅固的婚姻和許多的朋友。下面是幾點忠告：

1.開始早上和下午的問候。開始定期詢問對方現在怎麼樣，一天兩次，早上和下午，打打電話或寫 e-mail 即可。為何一天兩次？早上使你看到這一天會怎樣展開，下午會幫助你準備晚上的到來。新手父母只有過去三分之一的時間可以談心，這是另一種社會孤立。從現在開始，趁你還有體力的時候，給自己空間去發展這個習慣，等到寶寶來了，你就沒有這個體力與精力了。

2.計畫作愛的時間。是的，身體的親密是很大的快樂，問題是當你寶寶回家後，這個隨興作愛的快樂就從窗戶飛出去了。在孩子出生後，性行為頻率通常急劇下降，加上隨著肉體親密而來的情緒親密也跟著流失，這會對夫妻產生很不好的後果。計畫你的作愛時間，不管次數多少，可以幫助你抵擋新生兒所造成的家庭壓力，也可以使你有時間培養你作愛的心情。試著把兩種作愛方式融會到你的生活中，一是自發性、隨興的作愛，另一是計畫好、按表操兵的作愛。

3. 跟你的配偶發展出同理心反射。我的一個研究夥伴最近在接受同理心反射的訓練，在工作了一整天之後，她去超市買東西，在排隊付帳時才發現支票用光了，她忘記換一本新的支票本，只好打電話向她先生求救，結果她先生大大教訓了她一頓：「你為什麼這麼沒有責任感？在你出門前，怎麼不會先檢查一下支票本？你備用的零錢放在哪裡？」她責怪他說：「你不應該這樣說話，你應該說，你聽起來很累，親愛的，又很挫折、很生氣，你很生氣因為打電話給我竟然是你在辦公室忙了一天以後，掛記在心上最後要做的一件事。你當場可能很窘，你只想趕快回家！」她對著電話說：「這是你應該說的話，笨蛋！」然後掛了電話。當然，最後一句話不在我們的訓練上，但是每個人都需要練習閱讀情緒和猜測原因這兩個步驟。平常吵架最主要的原因就是兩人的認知有落差，你不了解對方的意圖和他的行為。這個落差可以用同理心來彌補。

4. 誠心的重修舊好。假如你們在孩子面前吵架了，請務必在孩子面前重修舊好。這給你的孩子一個榜樣，讓他知道怎麼樣公平的吵架、怎麼樣再和好。

5. 均擔家務事。先生們，開始幫忙做家事。把你太太必須做的事列出一張清單，再列出一張你的，假如你的清單像典型美國家庭那種有毒的不平等時——你知道的，就是那種準確預測**離婚率**的不平等家務負擔——你就要改你的清單，改到你們兩人都滿意。一旦清單擬好了，你就要立刻開始改變，在你睡眠被剝奪之前、在你被社會孤立之前、在你們吵架之前。如果你這樣做，你會得到更多的性生活，不騙你，真的有人研究過，而這是有證據支持的。

6.討論你不滿意的地方。沒有婚姻是完美的，但是有些婚姻卻比別的更能度過為人父母這個難關。你知道你的婚姻屬於哪一個類別嗎？婚姻介入計畫（Marital intervention program）可以告訴你，兩個最有聲望的計畫是科萬實驗室（Philip and Carolyn Cowan）和高特曼實驗室（John and Julie Gottman）發展出來的，他們的網站有很多診斷工具、練習課程、相關書籍和登記參加研討會或工作坊的表格，連到這些網站去。這些計畫的名稱、他們的文獻和同儕審核過的參考資料可在 www.brainrules.net 上找到。

◆找個心理健康專家

新手父母第一個接觸到的幼兒醫療專家通常是小兒科醫生，我強力推薦你在你的清單上再增加一位心理健康專家，一個你負擔得起、你能在問題出現時去掛號的人。我要你這樣做有很多原因，其一是大部分的小兒科醫生沒有進階的心理健康訓練，下面還有三個理由：

1.許多孩子會有心理健康的問題。我並不是指類似自閉症、過動症（ADHD），而是一般有關任何心理健康的毛病，從情緒失常（mood disorder）到思想失常（thought disorder），平均年齡是十四歲。

2.延緩不去理會它是最大的錯誤。越早發現心理健康的問題，越容易治療。你可能需要一段時間才能找到好的心理健康專家，所以不妨未雨綢繆。我知道對某些人來說，這個忠告是浪費時間；但是對其他人來說，這可能是他們為孩子做的最重要的事。

3.憂鬱症影響到百分之二十的新手父母。如果有心理健康專家在旁，它就像保險公司的保單似的：假如你沒有事，你自然不必去看他，但是假如有，你已經知道要去找誰了。

聰明寶寶

◆哺乳一年

餵母乳的時間越長越好，你會得到聰明的寶寶、健康的寶寶和快樂的寶寶。餵母乳是一個最實際、最能增加寶寶腦力的行為，它的好處已經得到科學界大量的支持了。

◆描述你所看到的每一件事

跟你的寶寶說話，當你看著窗外，看到太陽時，你只要說「今天天氣很好」這種簡單句就可以了。只要有說就好。在嬰兒期，用「父母式語言」來跟你的寶寶說話：速度慢、音調高、咬字清楚、母音拉長，一個小時二千一百字就夠了。

◆創造一間巧克力工廠

世界上有許多不同的遊戲室，就像世界上有許多不同的家庭一樣。但是每一間遊戲室都應該有下列的配備：很多的選擇，有畫圖的地方，發出音樂的樂器，有個衣櫥可以掛戲服，有積木、圖畫書、軟管和工具，任何可以安心地把孩子放在那裡而不會受傷的玩具。在那裡孩子可以自由的探索來滿足他的想像力。你有看過電影《巧克力冒險工廠》（*Willy Wonka and the Chocolate Factory*）嗎？假如看過，你可能就知道我在講什麼了，一間有樹、有草地和瀑布的巧克力工廠——一個完全可以隨意探索、非線性的生態環境。我會聚焦在藝術的追求上，因為一個有藝術薰陶的孩子比較可以專心，聚焦久一點，而且比較有好的智慧測驗分數。

我太太和我把家中六百平方呎（大約十八坪）規劃成這樣的環境，裡面有音樂、閱讀、繪畫和做手工勞作的地方。我買了很多樂高，很多蠟筆，還有很多紙箱，裡面還有數學和科學區，包括玩具顯微鏡。我們固定時間更換各個區的內容，最後，我們把這個空間變成他們的教室。

◆玩「相反日」

在我小孩三歲以後，我開始跟他們玩一些能增進執行功能的遊戲，大致是根據戴蒙（Adele Diamond）的研究。我會告訴他們今天是「相反日」（opposite day），當我給他們看夜晚的圖片時（黑色的背景，上面有星星和月亮），他們要說「白天」，當我給他們看藍天白雲上面有個大太陽時，他們要說「晚上」。我會用這些圖片互換著給他們看，越來越快，來看他們的反應。

他們非常喜歡玩這個遊戲，不知為何，玩到最後，我們都笑到在地上打滾。

我也跟我的大兒子玩一些身體動感的運動遊戲。我兒子四歲時，鼓就打得很好了，我們每一個人手上拿根湯匙，前面放一塊盤子，這規則是當我用湯匙敲盤子一下時，他要敲兩下，當我敲盤子兩下時，他要敲三下，或是一下（我隨時改變遊戲規則）。

做這兩種運動的理由是：⑴給孩子規則；⑵訓練他抑制他本來會自動要做的行為而遵循規則所規定的——這是執行功能的標誌。我在我們的巧克力工廠中有專門一塊地方來玩這個遊戲。你有很多很多的方法可以跟你的孩子玩，你可以在嘉林斯基（Ellen Galinsky）的《製造心智》（*Mind in the Making*）一書中找到差不多二十種很好的遊戲。

◆製作遊戲計畫

試試看心智工具計畫的元素是否適用於你的家庭。我是這樣用它的：我的孩子可能想要蓋一個建築工地（他們有一支專門介紹各種建築機械的影片，都快看爛了，我們現在還是會在生日時拿出來回味一下），我們會坐下來一起計畫，建築工地有什麼、要蓋什麼，蓋完後該怎麼清理乾淨。我們的想像力天馬行空，但是從這些想像中，會得出一個目標的清單，孩子們就會開始玩。

關於心智工具計畫可在http://www.mscd.edu/extendedcampus/toolsofthemind的網站上，看到完整的資料。

◆不要做過度教養的父母

這個遊戲室的設計和遊戲是個沒有壓力、沒有腳本的地方，而它不是意外變成這樣的。孩子越覺緊張、越多的壓力荷爾蒙進入他的大腦中，他們在學業上就越不會成功。教你的孩子聚焦，然後讓他們在巧克力工廠自由的玩，讓他們去發展他們的天賦，這比不會聚焦又不准有選擇的效果好很多。注意，這裡沒有三歲的中文課程、代數和閱讀盧梭（Jean-Jacques Rousseau）。

◆請注意檢視你自己的行為

父母親指導最常見的形式就是直接教導，在孩子會說話以後，我們就看到：「請跟我來」「不要接近陌生人」「吃你的綠花菜」，但是直接的教導並不是孩子從父母那裡學習唯一的方式，也不是最有效的方式。孩子也從觀察中學習。假如你的孩子像鷹眼一樣的在瞄準觀察你，下面有個三步驟建議：

第一步：列一份你的平日行為清單——包括行動和用語。你笑口常開嗎？你常罵粗話嗎？你運動嗎？你很容易哭嗎？還是常常怒髮衝冠？你花很多時間上網嗎？列出清單，讓你的配偶也這樣做，兩人比較一下。

第二步：給這些項目分數，有很多項目是你很驕傲的，有些可能不是。不論好壞，這些都是你的孩子平常會觀察到的行為，他們會去模仿，不論你要不要，他們自然會去模仿。你先決定一下，哪些是你要孩子模仿的，把它圈起來，把你不要的打上×。

第三步：經常去做你喜歡的行為，這就好像經常跟你的配偶說你愛他一樣的容易；把你不想要的行為列出消滅時刻表，它就像關掉電視一樣簡單（或一樣難）。

◆說「哇！你真的好努力」

養成習慣稱讚你孩子的努力而不是他天生有多聰明，你可以從你的配偶或朋友開始練習。假如他們某件事做得很好，說：「你一定花了很大的力氣、很努力在做它。」而不是「哇！你真的好天才！」當被稱讚努力的孩子失敗時，他們會更加努力來獲得你的稱讚。

◆換上數位時間

知道我們的孩子生活在一個數位化的社會，也知道沉迷在數位化的結果，我們想出了一些方法。第一，我太太與我把數位經驗區分成幾個類別，其中兩個類別是完成學校功課必要的，或學習電腦必要的：文字處理和圖像軟體，以網路為主的研究專案、軟體程式等等。孩子們可以去接觸這些，因為是家庭作業的需求。

娛樂的經驗——電玩遊戲、特定網站搜尋、任天堂Wii遊戲機——我們稱之為第一類別。他們平常不准玩，除非在限定條件之下。我的兒子可以「買」第一類別的時間，用什麼買呢？花在讀一本書的時間，每花一個小時在閱讀上，就可以買第一類別的若干時間。這些時間累加起來，週末在家庭作業做完了以後，便可以去玩。這個方法在我家實行得很好，我兒子養成了閱讀的習慣，也會使用未來的數位工具，但是也沒有完全不准玩電玩。

快樂寶寶

◆畫出孩子的情緒景觀

大部分的嬰兒對於他們在某一段時間內所能吸收的訊息或接受的刺激，是有限量的，請替你的寶寶列出一張清單，上面把「可不可停止了？」的線索列出來，有的時候，寶寶頭轉開，或者開始打哈欠、開始要哭、開始不安等等都是他已經玩夠了的肢體訊息，你要練習對寶寶透露的這些線索做回應，當他玩夠時，就不要再強迫他。

當他長大一點後，持續追蹤他們情緒的狀態，寫下幾個句子來描述他們的喜歡和不喜歡。在情緒反應發展的過程中，持續更新你的清單，寫這張清單能使你養成注意孩子情緒的習慣，它提供一個基準線，使你注意到任何行為的改變。

◆幫助孩子交到同齡的朋友

交朋友需要很多年的練習，孩子在成長的過程中會不斷的碰到各式各樣的同學，有的天真、有的自私，讓你的孩子跟很多的團體互動，跟很多不同的人對話。但是請注意你的孩子一次可以和多少朋友交往，社交經驗一定要依個人的氣質量身打造。

◆從別人的觀點來看事情

盡量利用所有的機會，在你孩子面前推敲別人的觀點。你會好奇為什麼在超市付款隊伍中，排在你後面的人這麼不耐煩？那個講手機的人究竟是講什麼，笑得那麼大聲？這是一個在自然情境中練習從別人觀點來看事情的方法，是同理心的基礎（譯註：私下練習可以，在公眾場所不宜教孩子，因為談論別人是不禮貌的事）。

◆一起閱讀

我太太跟我把這變成家庭的傳統。每天晚上在熄燈之前，我們會換上睡衣，鑽進棉被中，我太太會拿出書來大聲讀給孩子們聽，我們一起讀半個小時書。雖然現在要大家擠在一床棉被裡孩子已經有點太大，我們還是每天晚上聚在一起做半個小時的「睡前公開閱讀」。它讓孩子增廣詞彙，讓我們一家四口聚在一起，養成家庭的向心力，也強迫我們的大腦從自己的經驗中走出來，去想像不同的世界中有許多和我們的反應不一樣的人。

◆跟孩子養成同理心反射

當面對孩子強烈的情緒時，先試用同理心：

1. 描述你認為你看到的情緒
2. 猜猜看這個情緒從何而來

記住，了解別人的行為不等於同意他的行為，你只是對這個情境作開放式的反應，尤其是情緒反應非常激烈時。假如你想要個有同理心的孩子，他們必須時常看到榜樣才學得會如何做。同理心來自感同身受。

◆決定你的後設情緒形態

你對情緒的情緒是什麼？你可以在高特曼的書《好個性勝過好成績》（*Raising an Emotionally Intelligent Child: The Heart of Parenting*，中譯本時報出版）中找到測驗來做做看。另外一本比較專業的是《兒童心理學手冊・卷四》（*Handbook of Child Psychology*, Volume 4），請看〈家庭中的社會化：親子互動〉那一章，作者為馬科比（E. E. Maccoby）和馬丁（J. A. Martin）。

◆練習把你的感覺化為語言

你可以自己練習，跟你配偶或跟你的朋友都可以，重點是說出來。當你經驗到一種感覺時，很簡單的把你的感覺大聲說出來。把情緒用語言的方式表達出來，使你自己更能掌控你的情緒生活，也使你對自我調節更有心得。它同時也為孩子樹立很好的榜樣。我記得有一次怎麼樣也打不開一瓶醃黃瓜的罐子，我四歲的兒子走進來，看了看我說：「老爸，你看起來很生氣，你在生氣嗎？」我說：「是，我打不開這罐黃瓜。」後來我注意到他正在做一個樂高的模型，可是做不出來，很挫折，我說：「兒子，你看起來很憤怒，你在生氣嗎？」他抬起頭來看著我說：「是的，我很生氣，這是我的黃瓜罐子！」假如你孩子周圍的人都能說出他的情緒，孩子也會把他們的情緒表達出來，這點等他們到達青春期的時候，可是珍貴得很呢！

◆存上十年的音樂課程

樂器、歌唱、不論是什麼，讓音樂成為你孩子經驗中的一部分。長期暴露在音樂中會大大增進孩子對其他人情緒的知覺，這個知覺可以預測你孩子後來建立和維持友誼的能力。

◆引導孩子走向年薪五萬美元的生涯

研究發現，年薪六位數或七位數的人並沒有比賺五位數的人快樂到哪裡去。那個臨界點是五萬元，就二〇一〇年的貨幣經濟價值而言。

道德寶寶

◆CAP你的規則

當你告訴你的孩子他行為的規範是什麼時，有一些方法可以使你的孩子長大成為有道德覺識的人，你可以很容易就記住這些特質，縮寫為CAP。

C（Clarity）是**清晰**。你給孩子的規範必須是合理、清楚，沒有模稜兩可的空間。所以寫下來會比較好，分擔家事的家事責任表就是一個很好的例子。很多家庭是在挫折時，大聲喊出這個規則：「從現在起，你八點鐘就上床睡覺！」但是當情緒安定下來後，剛剛說的那個規則就拋到九霄雲外了，所以必須寫下來，才會執行。

寫下重要的規則，貼在公共空間，所有人都可以看到。它可以是商議的要點，也可以是幽默的來源——任何人讀過《哈利波特》和恩不里居（Dolores Umbridge）布告的人都可以證明。

A（Accepting）是**接受**。規則必須在持續性溫暖與接受的情境下告訴孩子。

P（Praise）是**稱讚**。每一次當孩子遵守規則、做對了事，就要誇獎他來增強他的行為。這還包括誇獎壞行為的不出現，如孩子學會在餐廳裡不大吵大鬧。

◆解釋規則背後的理由

用話語清楚的跟孩子解釋規則背後的理由，這能使孩子把他所學到的教訓類化到其他的情境上，導致道德的內化。假如他們聽到的只是「因為我這樣說」，那麼只有原始形式的行為受到校正而已。

◆有效的懲罰FIRST

F（Firm）是**堅定**。懲罰必須堅定執行，而且是孩子厭惡的事才會有效果。

I（Immediate）是**立即**。懲罰和壞行為之間的時間距離越短，效果越好。

R（Reliable）是**可信**。懲罰必須有一致性，每次壞行為出現，懲罰就跟著出現，才會有效。不一致性的懲罰孩子會使孩子混淆，不知那種行為究竟可不可以做，會使他以後發展出不平衡的道德觀念。

S（Safe）是**安全**。規則必須在一個情緒上安全的氣氛下執行才會有效。孩子在遭受威脅的情境下，很難把規則內化為道德的行為。

T（Tolerant）是**容忍**。事實上，它需要耐心，我們在書中一直提到耐心，孩子很難在第一次就把規則內化，有的時候，第十次都還沒有內化。

◆拍下你跟孩子在一起的時光

很多父母用攝影機拍下孩子早期生活的情形，的確，下一個世代是個影片紀錄的世代。那為何不拍下你教養孩子的經過呢？尤其他哭鬧的時候。你可以跟配偶輪流當攝影師，然後來分析哪裡做得對，哪裡又做錯了。它可以讓你很清楚的看到你教養孩子的效率有多高。

好睡寶寶

◆等待安靜的睡眠

一旦你察覺到寶寶想睡的跡象，不要打斷他睡覺的歷程。假如你正抱著他，請繼續抱著，寶寶還在活動睡眠階段時很容易驚醒；直到他進入安靜睡眠的階段，才可以把他放在小床上。

享受這個旅程

教養孩子，陪伴他們成長是絕對值得的旅程！

更多的文獻和參考資料和說明圖，可上網站 www.brainrules.net 查詢。

國家圖書館出版品預行編目（CIP）資料

0~5 歲寶寶大腦活力手冊：大腦科學家告訴你如何教養出聰明、快樂、有品德的好寶寶／ John Medina 著；洪蘭譯 . -- 二版 . -- 臺北市：遠流 , 2015.02
面；　公分 . --（親子館；A5028）
譯自：Brain rules for baby: how to raise a smart and happy child from zero to five

ISBN 978-957-32-7575-6（平裝）

1. 育兒　2. 兒童發展　3. 健腦法

428.8　　104000060

親子館 A5028
0~5 歲寶寶大腦活力手冊【增訂版】
大腦科學家告訴你如何教養出聰明、快樂、有品德的好寶寶

作者：John Medina
譯者：洪蘭
主編：林淑慎
特約編輯：陳錦輝

發行人：王榮文
出版發行：遠流出版事業股份有限公司
104005 台北市中山北路一段 11 號 13 樓
郵撥／ 0189456-1
電話／ (02)2571-0297　　傳真／ (02)2571-0197

著作權顧問：蕭雄淋律師
2015 年 2 月 1 日　二版一刷
2022 年 4 月 16 日　二版九刷
售價新台幣 350 元（缺頁或破損的書，請寄回更換）

ISBN 978-957-32- 7575-6　（英文版 ISBN 978-0-9832633-8-8）
遠流博識網
http://www.ylib.com　　E-mail: ylib@ylib.com